KB092055

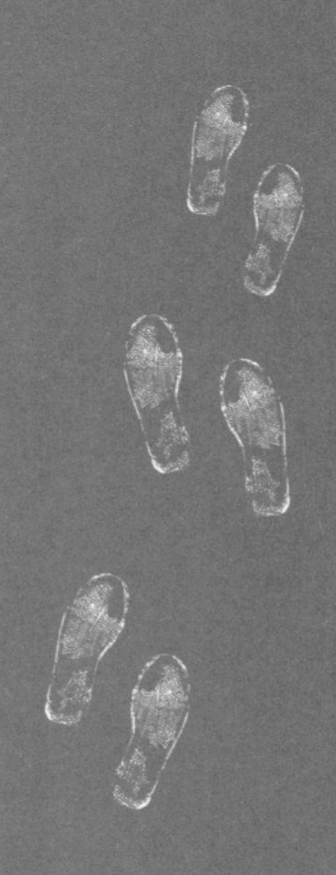

낯선
그리움의 땅,
만주

초판 1쇄 인쇄 2013년 7월 20일
초판 1쇄 발행 2013년 7월 25일

글·사진 안민영
펴낸이 이영선
펴낸곳 서해문집

이 사 강영선
주 간 김선정
편집장 김문정
편 집 허 승 임경훈 김종훈 김경란 정지원
디자인 오성희 당승근 안희정
마케팅 김일신 이호석 이주리
관 리 박정래 손미경

출판등록 1989년 3월 16일 (제406-2005-000047호)
주 소 경기도 파주시 문발동 파주출판도시 498-7
전 화 (031)955-7470 | **팩스** (031)955-7469
홈페이지 www.booksea.co.kr | **이메일** shmj21@hanmail.net

ISBN 978-89-7483-615-3 03980

이 도서의 국립중앙도서관 출판시도서목록(CIP)은 e-CIP 홈페이지
(http://www.nl.go.kr/cip.php)에서 이용하실 수 있습니다.(CIP제어번호:2013011154)

열정 가득 역사 교사의 만주 답사기

서해문집

프롤로그

6박 7일, 3000킬로미터에 이르는 만주 답사를 마치고 돌아왔다.

'답사'라는 단어만 봐도 가슴이 쿵쾅거리던 때가 있었다. 초봄이 되면 선운사 뒤편에 흐드러지게 핀 시뻘건 동백꽃을 보고 싶어 달려갔고, 여름엔 황룡사지 벌판을 가득 메운 주황색 코스모스에 파묻혀 얼굴만 내밀고 서 있는 당간지주와 여름밤 달빛 아래 놓인 감은사지 두 탑을 보러 갔다. 가을에는 새빨간 사과가 매달린 부석사 앞 사과나무 길을 지나다 과즙이 꽉 찬 사과 한 입 베어 물고 저녁 예불을 보기도 했다. 겨울엔 소복이 눈 쌓인 운주사 공사바위에 올라 천불천탑이 있었다는 운주사 전경을 내려다보기도 했다.

이런 여행도 아이를 낳고 키우기 전에나 가능했다. 물론 아이를 데리고 답사를 가 보기도 했다. 그러나 기저귀 가방과 유모차 등 한 짐 가득 싣고 떠나는 가족 여행에서는 아이의 낮잠 시간과 컨디션이 우선이었다. 달빛 아래 고요하게 서 있는 감은사지 탑을 마냥 앉아서 바라보고 오기란 애초 엄두가 나지 않았다. 카메라 하나 달랑 메고서 여기저기 기웃거리던 시절은 아득하기만 했다.

그러다가 계절이 바뀌고, 불어오는 바람의 온도가 다르게 느껴질 때면 떠올랐다. 부슬비 내릴 때 월정사 전나무 숲에서 나던 비릿하고도 촉촉한 냄새, 임용고시에서 떨어지고 하회마을 민박집에 홀로 누워 밤새 듣던 대나무 숲 바람소리, 병산서원 만대루 위에 드러누워 책 읽던 날의 낙동강변 풍경. 그렇게 계절이 바뀔 때마다 여러 기억이 냄새와 소리 그리고 풍경과 함께 떠오르곤 했다.

그러던 어느 날 학교 내부 메신저로 올라온 안내 글을 보았다. '제목: 중국 속 우리 역사문화 답사 안내'. 교육청에서 역사교사를 대상으로 답사 참가자를 모집한다는 내용이었다. 가슴이 다시 쿵쾅거리기 시작했다.

거리상의 문제로 평소 친정과 시댁 양가로부터 육아에 도움을 받지 못하고 있던 터라 아이를 따로 맡기고 숙박을 포함한 여행을 몇 년 동안 가 본 적이 없었다. 더구나 6박 7일 일정이었다. 아이를 맡기는 문제가 해결된다고 해서 갈 수 있을지도 확실치 않았다. 경력과 가산점 순으로 답사 참가자를 선발한다고 했다. 나는 특별한 가산점 하나 없고, 경력도 애매한 9년차였다.

답사 안내를 본 후 며칠 동안 설레는 마음을 진정하지 못했다. 우선 신청이나 해 보자 싶었다. 결과 발표를 기다리는 일주일은 복권 한 장을 사서 토요일 저녁만 기다리는 심정이었다. 그러면서도 이미 인터넷 서점에서 만주 관련 책들을 사 모으고 있었다.

일주일 뒤, 참가자 명단 발표가 났다. 명단 맨 아랫줄에 이름이 보였다. 공개된 경력과 가산점 합계 순을 보니 막차를 탄 모양이었다.

대학 때 정기답사를 가면 밤새 술 마시고 그 다음 날에는 차 안에서 내내 잠만 잤다. 그러다가 다 왔으니 내리라는 말에 마지못해 내려서는 대충 둘러보고 차에서 또 다시 곯아떨어지곤 했다. 그래도 아쉽지 않았다. 마음만 먹으면 언제든 다시 올 수 있는 곳들이니까. 답사보다는 사람과 어울리는 일이 그저 새롭고 좋기만 한 스무 살이었으니까.

그러나 이제는 답사를 대하는 마음이 대학 때와 같지 않다. 첫 휴가 나온 이등병마냥 주어진 일주일이 소중하게 느껴졌다. 사뭇 비장하고 결연하기까지 했다. 다 보고 오리라. 한 곳 한 곳도 그냥 지나치지 않으리.

그렇게 답사를 마치고 돌아온 지금. 6박 7일간 겪은 한 순간 한 순간이 머릿속에서 지워지지 않는다. 국내에서 답사할 때 느낀 감정과는 전혀 달랐다.

만주는 복합 공간이다. 지금은 중국 영토지만, 과거에는 우리나라와 일본이 있던 곳, 동아시아 각국의 문화가 공존하고 있는 곳이다. 또 만주는 오래된 이야기를 품고 있는 곳이다. 고대부터 일제 강점기까지를 다양하게 보여 주는 여러 유물과 유적 들이 고스란히 남아 있다.

수업 시간에 아이들에게 만주를 포함한 고구려 전성기 영토를 설명할 때 나는 먼저 압록강과 두만강을 국경선으로 삼은 현재 지도를 그린 다음, 그 위를 볼록 튀어나오게 추가로 넓혀 지도를 그리곤 했다. 머릿속 국경선은 늘 이런 고정관념에서 크게 벗어나지 못했다. 그러나 압록강과 두만강은 고구려 시기에는 도시 한가운데에 흐르는 강일뿐이었다. 더구나 압록강과 두만강은 서울 한강과 폭이 비슷하다. 그 강변을 따라 달릴 때는 마치 한강 위쪽 강변북로에서 건너편을 내려다보는 듯했다. 그리고 강 건너편이면서 갈 수 없는 나라, 북한을 떠올렸다.

여행 작가 오소희 씨는 파리에 다녀온 사람은 파리를 그리워하고, 뉴욕에 다녀온 사람은 뉴욕을 그리워하는데, 아프리카에 다녀온 사람은 자꾸 '지구'를 생각하게 된다고 했다. 아프리카를 보고 오면 '지구'를 생각하게 된다니……. 만주에 서 있던 나는 종종 '민족'이라는 단어를 떠올렸다. 자칫 '우리'와 '너희'를 구별 짓는 배타적 의미로 사용될 수 있는 이 단어가, 과연 어떤 의도로 사용되는지 한 번 더 생각하게 만들던 이 단어가, 큰 거부감 없이 실체가 되어 다가오는 느낌이었다.

답사에서 돌아와 만주 지역과 관련한 논문과 책 들을 찾아서 읽기 시작했다. 우리나라가 중국과 수교한 때가 1992년이니 만주로 출입이 가능해진 기간이 불과 20년밖에 되지 않은 셈이다. 수교 이전엔 양국의 체제 차이로 출입이 힘들었고, 그 이후엔 중국 정부가 동북공정을 추진하는 바람에 한국인 학자들의 출입이 제한되기도 했다. 이런 가운데 허가가 나지 않은 곳들을 잠입하듯 답사하고 연구해 온 몇몇 연구자들의 답사기를 읽으니 연구가 그리 녹록치 않았겠구나 싶었다.

수업 시간에 아이들에게 답사 사진을 보여 주고, 또 돌아와서 읽고 공부한 내용을 정리해서 들려주었다. 아이들은 무척 흥미로워 했다. 그래서 그 이야기를 정리해 보고 싶었다.

"문득 뒤돌아보면 능선 뒤의 능선 또 능선이 펼쳐져 그 의젓한 아름다움을 보고 오면 한 계절을 사람들 마음속에서 시달릴 힘이 생긴다."

신경숙의 소설 〈부석사〉의 한 구절이다. 이 문장 한 줄 때문에 부석사로 달려가야겠다는 마음이 들 때도 있었다. 부석사에 대한 그리움을 불러일으키기 충분했다.

이 책은 만주 지역 유물 · 유적에 관한 정보를 제공하기 위해서 쓴 책이 아니다. 신경숙이 쓴 한 문장처럼 만주에 대한 그리움을 불러일으키는 책이 되었으면 한다. 이 책을 덮고 나서 '만주 답사'를 생각하고 있는 당신을 보게 된다면 더 바랄 것이 없겠다.

차례

Manchouli
Dalai Nor
Hailar

첫째 날.

발해의 흔적을 찾아서

긴 봄을 기다리며,
장춘長春

첫날 도착한 장춘공항은 동북3성 가운데 길림성을 대표하는 도시의 공항치고는 아담했다. 추운 지역이다 보니 봄이 길게 이어지기를 바란다는 의미에서 지어졌다는 도시명, 장춘長春. 이곳에 오니 조선 마지막 황실의 덕혜옹주만큼이나 영화 같은 삶을 산 청 왕조의 마지막 황제 선통제가 생각났다. 영화 〈마지막 황제〉로도 잘 알려진 황제다. 황금색 자금성과 그 안에 도열해 있는 수많은 신하 그리고 입을 꼭 다문 채 황제복을 입고 서 있는 어린아이. 영화 포스터 속 '어린아이' 모습과 '마지막 황제'라는 문구는 대조를 이루면서 관객의 호기심을 자아내기에 충분했다. 또 시종일관 불안하게 깔리며 달려가는 피아노와 간단하게 음을 집어 주는 바이올린이 함께 어우러진 류이치 사카모토의 삽입곡 'Rain'은 영화보다도 깊은 인상을 주었다.

장춘에는 위만황궁僞滿皇宮이 있다. 만주 황제가 살던 궁. 그런데 앞에 '가짜'를 뜻하는 '위僞'가 붙어 있다. 왜일까?

1932년 일본은 만주국을 건설하고 장춘을 수도로 삼았다. 일본은 이곳을 신경新京이라 부르고 황제 선통제(푸이)를 만주국 황제로 즉위시킨다. 그러나 꼭두각시 황제일 뿐이었다.

푸이는 일본이 어떤 의도로 자신을 황제에 즉위시키려 하는지 알지 못했을까? 하지만 어쩌면 일본의 제안을 마지막 희망의 끈이라 생각했을지도 모르겠다. 푸이는 고작 세 살에 황제에 등극했고 3년 후 신해혁명辛亥革命으로 자금성에서 추방당한다. 황제는 없어지고 공화제 아래 총통이 등장한 것이다. 세상을 호령하며 유년기를 보낸 그가 갑작스레 맞닥뜨린 또 다른 세상을 인정하기란 힘들었을 것이다. 그랬기에 자신을 황제 자리에 앉혀 준 일본군을 잃어버린 청 왕조를 되찾을 수 있는 지원군으로 생각했을지도 모른다. 장춘에서 자신의 '봄(春)'이 다시 오리라 기대하진 않았을까.

그러나 14년 동안 푸이가 황제로서 통치한 이 공간을 지금 중국인들은 '위僞

신해혁명(1911) 청 정부는 서구 열강에 배상금을 지급하면서 심각한 재정난을 겪게 되자, 민간철도를 국유화하려 했고, 이를 반대하는 봉기가 신해혁명으로 발전함. 이후 황제 선통제가 강제 퇴위를 당하고, 쑨원이 임시대총통에 추대되었으며 아시아 최초의 공화국인 중화민국(1912)이 수립됨.

선통제
宣統帝(1906~1967)
청의 제12대 황제이자 마지막 황제. 이름은 푸이溥儀. 세 살에 황제에 즉위(1908)했으나 신해혁명(1911)으로 퇴위당함. 이후 만주사변(1931)을 일으킨 일본이 만주국을 수립하고 푸이를 다시 황제로 추대함. 제2차 세계대전에서 일본이 패망한 이후 만주국도 붕괴하고 푸이 역시 체포됨. 그의 일생은 영화 〈마지막 황제〉(1988)로 만들어지기도 했음.

만황궁'이라 부른다.

조선족 가이드 상수씨

공항을 나와 대기하고 있던 리무진 버스에 올랐다. 일행은 서로 초면이었다. 오늘 새벽에 여행 가방을 끌고 공항에 모여 가볍게 눈인사를 나눈 것이 전부였다. 데면데면한 상태에서 버스에 올랐다. 버스가 출발하자 이내 가이드가 마이크를 잡고 자기소개를 했다. 간혹 음식점에서 일하시는 조선족 아주머니들에게서 듣던 어색한 억양. 가이드 이상수씨는 조선족 출신이었다.

우리는 미국에 사는 동포에게는 '재미교포', 일본에 사는 동포는 '재일교포'라고 한다. 그러나 중국에 사는 동포는 '재중교포'라는 말 대신 '조선족'이라는 호칭을 더 자주 사용한다. 한데 조선족은 중국 정부 입장에서 소수 민족 중 하나를 가리키는 표현이다. 그런 호칭을 우리가 그대로 가져다 쓸 필요가 있는지 궁금하다. 재중교포라는 단어에는 그들이 우리 민족이라는 느낌이 있지만, 조선족이라는 호칭에서는 그런 느낌이 덜하다.

또 일본이나 미국에서 태어난 교포는 성년이 되면 국적을 선택할 수 있다. 그런데 조선족은 성년이 되어도 한국과 중국 국적 중 하나를 선택할 수 없다. 그들은 중국인으로 살아야 한다. 사정이 이렇다 보니 그들도 한국에 대한 연결고리가 상대적으로 약하다.

그런 가운데 조선족에 대한 확실한 편견과 고정관념을 보여 준 사건이 2012년 4월에 일어났다. '수원 여대생 살인사건', 일명 '오원춘 사건'이다. 여론은 이 엽기적 살인을 저지른 범인을 설명하면서 '재중동포 오원춘'이라 하지 않고 '조선족 오원춘'이라고 표현했다. '동포'와 '살인마'라는 표현을 나란히 서술하기가 어려웠나 보다.

문득 조선족 이상수씨는 어떤 정체성을 갖고 있을지 궁금해졌다. 국적은 중국이지만 핏줄로는 조선인. 그러나 조선은 해방 이후 이들의 의지와는 상관없이 분단되어 버렸다. 이들의 부모 세대는 대부분 평안도나 함경도 출신이며 지리적으로도 중국과 북한은 가깝게 맞닿아 있다. 그러면서도 그들은 주로 남한 관광객들을 상대한다. 심정으로나 거리로나 북한과 가까울 것 같지만 접촉 빈

도로만 보자면 남한에 더 가까울 것 같기도 하다. 이상수씨 이야기를 통해 조선족들 생각은 어떤지 알고 싶었다. 그러나 관광객과 가이드라는 관계에서는 정체성에 대한 그의 솔직한 속내를 듣는 일이 쉽지 않을 것 같아 접어야 했다.

발해 정혜공주묘

버스는 몇 시간을 달렸다. 정말 말 그대로 '광활한 만주 벌판'이었다. 이만큼 달렸으면 뭐라도 하나 나와야 할 것 같은데, 달려도 달려도 온통 옥수수밭뿐이다. 대체 이 옥수수들은 다 뭣에 쓰려고 이렇게나 많이 심었을까. 옥수수는 식량으로 사용하기도 하지만 주로 동물 사료나 연료로 쓰인다고 상수씨가 설명해 주었다.

창밖으로 똑같은 풍경이 몇 시간째 펼쳐지다 보니, 같은 곳을 뱅뱅 돌고 있는 게 아닌가 싶기까지 했다. 장춘공항에 도착한 시간이 오전 열 시였고, 점심 한 끼 먹고 차로 달리기만 했는데 오후 다섯 시가 다 되어 가고 있었다. 해는 벌써 기울고 있었다. 장춘공항에 내리는 순간부터 가진 기대감은 초조함으로 바뀌기 시작했다.

그렇게 한참을 달려 돈화에 들어섰다. 버스는 도로를 벗어나더니 어느새 시골길로 접어들었다. 차 안이 술렁거렸다. 살짝 달뜬 분위기가 되었다. 오랜 기다림 끝에 마주한 만남이라 기대가 컸다. 이런 마음이라면 절터 바닥에서 흔히 볼 수 있는 기와 조각 하나만 보아도 탄성을 지르겠다 싶었다. 기지개를 켜며 서둘러 차에서 내렸다.

차는 안내 표지판 하나 없는 시골길에 멈춰 섰다. 어디로 가면 되냐고 묻는 이들에게 상수씨는 빨간 집 뒤편에 정혜공주묘가 있다고 했다. 그러나 그곳엔 가 볼 수 없다고 덧붙였다. 이곳 방문을 공안에게 사전에 허가를 받지 못했다고 했다. 아쉽지만 여기서 자취만 느껴 보고 돌아가자고 했다.

일행은 상황을 상수씨에게 따져 물었다. 그의 이야기는 갑작스러웠고 내용 또한 당혹스러웠다. 그가 미리 중국 공안에 관람 신청을 해 두지 않은 것인지, 아니면 신청을 했는데 거부당한 것인지조차 명확히 설명하지 않았다. 일행이 크게 술렁이기 시작했다. 꼬박 일곱 시간을 버스 타고 왔으니까. 아니, 비행기 타고 와서 열두 시간 만에 도착한 첫 유적지였으니까. 각자 나름 조사해 온 자료들을 꺼내 들고 꼭 봐야겠다는 의사를 강력히 밝혔다. 상수씨도 우리만큼이나 당황하기 시작했다. 이렇게 거센 항의를 받게 될 거라고는 예상하지 못한 모양이다. 그러나 만약 이게 예정된 상황이었다면 그는 이동하는 중간에 미리 언질을 주었어야 했다.

한참 동안 성토를 하는 심각한 분위기가 이어지자 상수씨가 우리에게 호소하기 시작했다. 무리해서 들어갔다간 현지 주민이 신고라도 하게 되면 공안의 주목을 받게 되어서 나머지 일정도 틀어질 수 있다고 했다. 그의 마지막 말에 일행은 결국 버스에 오를 수밖에 없었다. 그는 일이 잘못되면 중국 정부에서 자신의 가이드 자격도 박탈할 수 있다고 덧붙였다. 누군가에게는 '기회'일 뿐이지만 누군

정혜공주(737~777) 발해 제3대 문왕 대흠무의 둘째 딸. 사료에서는 흔적을 찾을 수 없었으나 길림성 돈화현 육정산 고분군 가운데 묘지墓誌가 출토되면서 알려지게 됨. 정혜공주묘가 발견되면서 육정산 고분군이 발해 초기 왕실과 귀족의 무덤이라는 사실이 확인되었으며 대조영의 건국지인 동모산의 위치까지 짐작할 수 있게 됨. 한편 정혜공주묘는 굴식돌방무덤으로 모줄임 천장 구조가 고구려 고분과 유사해 발해와 고구려의 연관성을 알려 주는 실마리를 제공함.

가에게는 '밥줄'이 될 수 있다면 그저 접을 수밖에.

무덤 양식이나 장례 풍습은 '원래 이전부터 그렇게 해 온 그대로'를 따르기 마련이다. '혁신'과 '파격', '변화'는 잘 어울리지 않는다. 그러다 보니 무덤 양식은 당시 문화의 연결 고리를 살펴볼 수 있는 중요한 요소가 되기도 한다. 백제 석촌동 고분군 양식이 고구려 장군총의 돌무지 양식과 유사한 것을 근거로 두 나라의 뿌리가 같다고 추정하는 것도 같은 맥락이다.

정혜공주묘는 발해를 설명할 때 꽤나 중요하다. 정혜공주는 발해 3대 문왕 대흠무의 둘째 딸이다. 그래서 발해 초기 무덤 양식과 장례 풍습을 이해할 수 있는 중요한 유적이다. 특히 무덤 안에서 발견된 묘지墓誌를 통해 발해 초기 한

빨간 집 뒤편에
정혜공주묘가 있다는
설명만 듣고
돌아설 수밖에 없었다

문학 수준, 발해 문왕의 존호 등을 짐작할 수 있다. 그러나 무엇보다도 정혜공주묘는 발해와 고구려의 연관성을 설명하는 근거가 된다는 점에서 중요하다.

무덤 양식 중에 '모줄임 양식'이 있다. 우선 돌 네 개를 'ㅁ' 모양으로 두고 그 위에 똑같은 모양을 45도쯤 각을 틀어서 '◇' 모양으로 올린다. 그리고 또다시 그 위에 길이가 짧은 돌로 원래의 'ㅁ' 모양으로 쌓는 것을 반복한다. 이렇게 모(가장자리)를 줄여 가며 지붕 구멍을 메우기 때문에 모줄임 양식이라 한다. 고구려 무덤에서 자주 보이는 대표 양식이다. 그런데 발해 정혜공주묘에서도 모줄임 양식이 나타난다. 발해가 고구려와 연관이 있음을 보여 준다.

무덤을 일반인에게 공개하는 일이 흔치 않으니, 정혜공주묘에 들어가서 모줄임 양식을 직접 확인할 수 있으리라는 기대는 하지도 않았다. 하지만 무덤 외관도 보지 못하고 돌아서게 될 줄은 꿈에도 생각하지 못했다. 왜 우리는 들어갈 수 없었을까.

답사를 마치고 돌아와서도 정혜공주묘 안내 게시판조차 보지 못하고 돌아온 것이 못내 아쉬웠다. 혹시 가이드의 무성의함 때문은 아니었을까 하는 의심마저 들었다. 공안에게 허가를 받지 못했다는 설명이 너무 궁색하게 느껴졌기 때문이다.

혹시라도 정혜공주묘에 다녀왔다는 사람들의 이야기를 들으면 속이 상하지 않을까 싶어 정혜공주묘와 관련된 글을 뒤적여 보았다. 그러다가 경성대 사학과 한규철 교수가 2007년 《부산일보》에 연재한 글을 보았다.

90년대 초반만 하더라도 비공식적이나마 육정산 고분군(정혜공주묘

고구려 장군총 ↑ 과 백제 석촌동 고분 ↓ 두 무덤은 양식이 비슷해 고구려에서 내려온 이들이 백제를 건국했다는 주장의 근거가 되기도 한다

를 포함하고 있는 고분군)을 둘러볼 수 있었다. 그러나 한국인 방문이 늘고 모 방송국에서 이곳의 관리실태를 한국 입장에서 비판한 후, 접근이 까다로워졌다. 최근 중국 당국이 발해유적의 세계문화유산 등재 신청을 위해 전반적인 발굴을 하면서부터 더욱 경계가 심해졌다. 지난해 여름에는 돈화 호텔에서 자고 아침 일찍이 다른 샛길로 빙 돌아 고분군 경계와 안내간판이 있는 곳까지만 들렀다가 오는 것으로 만족해야 했다.

그제야 정혜공주묘 근처까지만 갔다가 돌아올 수밖에 없던 상황이 조금 이해가 되었다. 더불어 위로도 되었다. 중국 정부는 이 일대를 방문하는 한국인들에게 호의적이지 않았다.

이를 설명하기 위해서는 '동북공정'을 이해해야 한다. 2002년에 발표된 동북공정은 '동북東北 변강의 역사와 현상에 대한 연속 연구 공정工程'을 줄인 말이다. '동북'이란 중국 수도 북경을 중심으로 했을 때 동북쪽에 위치한 길림성 · 요령성 · 흑룡강성 지역을 일컫는다. 또 '공정'은 일이나 작업, 계획을 의미한다. 동북공정이란 만주 일대의 역사를 중국 정부가 주도해 정비하는 사업이다.

중국 국민은 한족 외에도 50개가 넘는 소수 민족으로 구성되어 있다. 이 소수 민족을 자국민으로 통합시키기 위해서는 이들의 역사를 정리할 필요가 있다. 동북공정뿐 아니라 중앙아시아와 동남아시아를 자국사로 편입시키기 위한 서북공정, 서남공정을 진행하는 것도 같은 맥락이다.

한편 동북공정을 한반도의 남북통일 혹은 북한 정권이 붕괴한 이후 상황에 대한 대비라고 보는 견해도 있다. 이 경우 우리 쪽에서는 고구려가 평양으로 천도하기 이전까지 차지하고 있던 영토에 대한 영유권을 주장할 가능성이 있다. 이런 맥락 속에서 고구려와 발해는 중국 역사 속 지방 정권으로 만들어져 가고 있다. 그런 그들에게 그 땅에 남아 있는 고구려와 발해 역사의 흔적을 들여다보려는 한국인들은 불편한 존재일 수밖에 없다.

발해의 건국지 동모산을 앞에 두고

어느덧 해는 뉘엿뉘엿 넘어가기 시작했고 연신 술렁거리던 버스 안도 이내 조용해졌다. 심경은 다들 비슷했을 것이다. 비행기로, 차로 하루를 꼬박 달려서 만난 첫 유적지였는데 말이다.

버스는 다시 달렸다. 그리 멀지 않은 곳에 발해의 첫 수도, 동모산성이 있다. 동모산성으로 들어가는 마을 입구에는 '성산자촌城山子村'이라는 간판이 붙은 건물이 있었다. 마을회관 정도로 보였다. 마을 이름을 보니 산 위에 성터가 있기는 한가 보다. 유적지를 알려 주는 안내 간판 한번 보지 못하고 다니다가 유적지명과 관련된 건물을 보니 그저 반가울 따름이었다. 민가가 양쪽에 늘어선 마을 골목 끝에 이르니, 양쪽으로 확 트인 옥수수 밭이 나왔다. 그리고 그 끝에 보이는 언덕이 바로 동모산이라고 했다.

698년 대조영이 동모산에 발해를 세웠는데, 기록 속 동모산 위치를 두고 논란이 있기도 하다. 성산자산성에서 성문과 주거지, 우물터 등이 발견되기는 했지만, 결정적으로 기록 속에 나오는 동모산과 관련된 글자가 발견되지 않았기 때문이다. 더구나 발굴도 완벽하지 못해 줄곧 의문이 제기되어 왔다. 하지만 성산자산성과 멀지 않은 곳에 정혜공주묘를 포함한 육정산 고분군이 있기 때문에 동모산을 건국지라고 보는 견해가 일반적이다.

시간은 이미 저녁 여섯 시를 넘어섰고, 빗방울도 한두 방울씩 떨어졌다. 상수씨는 정상에 다다를 즈음엔 이미 해가 넘어갈 거라고 했다. 유적을 보기는커녕 어둠 속에서 산을 헤매는 상황이 발생할 수 있다고 했다. 동모산은 생각보다 야트막해서 산행이 어려울 것 같지는 않았는데, 문제는 시간과 날씨였다. 빗방울이 굵어지기 시작해 결국 또 발걸음을 돌릴 수밖에 없었다.

버스 분위기는 가라앉아 있었다. 벌써 두 번째였다. 첫날 일정부터 이렇게 시작하다 보니 가이드에 대한 신뢰도 많이 떨어졌다. 그의 성실함을 이미 알고 있다면 단순히 미숙한 진행 탓이라고 이해할 수 있겠지만, 여행의 첫날이었다. 아직 그의 '예의바름과 성실함'을 믿고, 미숙한 진행을 품어 줄 만큼 충분한 시간을 쌓지 못했다.

대조영 고구려 장군 출신으로 발해의 시조. 고구려 유민과 말갈을 이끌고 만주 동부 지역으로 이주해 길림성 돈화시 동모산 기슭에 발해를 세움. 《구당서》에 '발해 말갈의 대조영은 본래 고구려의 별종이다'고 기록되어 있으며, 발해가 일본에 보낸 국서에는 고려국왕이라는 명칭을 사용하기도 해 대조영이 고구려의 유민이라는 사실을 뒷받침함.

눈치 빠른 상수씨로서는 이런 상황

을 만회할 만한 카드가 필요했을 것이다. 돌연 예정되어 있지 않은 코스를 더 보여 주겠노라고 제안했다. 밤 아홉 시가 훌쩍 넘어서야 저녁 식사를 하게 될 수도 있었지만 거절할 이유가 없었다.

발해공원에서 만난 발해 왕들

막상 버스가 멈춰 선 곳은 도심 속 공원이었다. 늦은 시간이지만 더운 여름밤이라 사람이 많이 나와 있었다. 작은 카세트에서 흘러나오는 노랫소리에 맞춰 50여 명이 넘는 남녀가 느릿느릿 춤을 추고 있었다. 태극권처럼 보였다. 중국 정부는 국가 차원에서 이런 형태의 여가활동을 권장한다. 그래

대조영이 발해를 건국한 동모산 전경

서 공원 곳곳에 모여 느릿느릿 춤을 추는 모습을 쉽게 볼 수 있다. 아무나 무리에 껴서 함께 즐길 수도 있다.

공원에는 또 어른 키 두 배가 넘는 거대한 조각들이 마애불처럼 새겨져 있었다. 그 시작 부분에는 '발해국 국왕 간개渤海國 國王 簡介'라는 제목과 안내 글이 있었다. 발해 1대왕 대조영부터 15대왕까지 인물상을 조각한 부조였다.

우리나라에서 '역사 인물 중 가장 존경하는 위인'이 누구냐고 물으면 항상 1, 2위로 나오는 분들이 있다. 이순신과 세종대왕이다. 물론 각각 무武와 문文을 대표하는 위인이다.

두 인물이 응답자 대다수의 압도적 지지를 받는 또 다른 이유는 바로 '친숙함'이다. 이순신 장군은 서울에서 가장 상징적인 공간, 경복궁 앞이자 옛날 육조 거리인 광화문 광장에 자리하고 있다. 또 세종대왕은 만 원권 지폐에 그려져 있다. 최근에는 세종대왕 동상도 덕수궁에서 광

발해공원에 있는 역대 발해 왕 부조

화문 이순신 동상 뒤편으로 자리를 옮겼다. 이로써 이순신, 세종대왕 동상 모두 광화문에 자리 잡게 되었다. 뉴스에서 천안문광장만 나오면 중국을 떠올리듯이 광화문광장은 대한민국을 상징하는 공간이다. 그곳에 세워진 동상 속 인물은 강하게 각인될 수밖에 없다.

그렇다면 매일 집 앞 공원에 나와 이렇게 발해의 왕들을 접하고 있는 중국인들은 어떤 생각을 할까. 매일 공원에서 봐 온 '익숙한' 발해 왕조는 잠재적으로 중국 역사의 한 조각으로 사람들의 인식 속에 자리 잡을 것이다. 어찌 보면 '박물관'보다 '공원'이라는 형식이 더 염려되는 이유다.

발해는 어느 나라 역사인가

우리는 '발해는 대조영이 세웠고, 대조영은 고구려인이니까 당연히 우리 역사'라고 생각하지만 문제는 그렇게 간단치 않다. 발해라는 나라에는 우리와 중국뿐 아니라, 러시아도 얽혀 있다.

발해에 여러 나라가 복잡하게 얽혀 있는 이유는 뭘까? 우선 발해인 스스로 남긴 기록이 존재하지 않는다. 그러다 보니 중국 쪽에 남아 있는 관련 기록을 통해 발해 역사를 추측할 뿐이다. 또 발해가 멸망한 이후 상황이 문제를 더 복잡하게 만들었다. 거란에게 멸망하고 난 이후 이 나라를 계승한 국가가 없는 것이다. 그러면서도 나라가 존재하던 영토엔 현재 중국, 북한, 러시아가 걸쳐 있다. 그래서 발해와 지리적으로 관련 있는 국가 모두 발해사를 자국사의 일부로 편입하고자 노력하는 것이다. 그런데 우리는 그간 발해사 연구를 상대적으로 활발히 진행하지 못했다. 발해의 옛 영토가 우리와 멀리 떨어져 있을 뿐더러, 예전 '중공'과 '소련'에 들어가 유적을 접하기가 쉽지 않았기 때문이다. 접근성이 떨어지다 보니 북한에 비해서도 발해사 연구가 뒤늦게 시작되었다.

그렇다면 현재 우리 역사학계에서는 발해를 어떻게 바라보고 있을까? 학계에서 정설定說이라 평가되는 주류 견해는 어떤 자료를 통해 알 수 있을까? 당대 학계의 주류 견해를 살펴볼 수 있는 좋은 텍스트는 바로 '교과서'다. 《고등학교 한국사》(법문사)에서는 다음과 같이 설명하고 있다.

> 고구려가 멸망한 후 고구려 유민은 요동 지방을 중심으로 당에 저항하면서 고구려 부흥운동을 전개하였다. 대조영은 고구려 유민과 말갈인을 이끌고 만주 동부 지역의 성 동모산 기슭에 발해를 세웠다.

또 교과서 내용 하단의 '탐구활동'에서는 중국 사료인 《구당서》 내용 일부를 보여 준다.

> 대조영은 본래 고구려의 별종이다. 고구려가 멸망하자 대조영은 가족을 이끌고 영주로 옮겨 와 살았다. …… 당의 측천무후는 장군 이해고를 시켜 대조영과 걸사비우 무리를 토벌하게 하였다. 이해고는 먼저 걸사비우를 무찌르고 대조영을 뒤쫓았다. 이에 대조영은 고구려와 말갈 무리를 연합하여 대항하였다. …… 마침내 대조영은 무리를 이끌고 동쪽으로 가서 계루부의 옛 땅을 차지하고 동모산에 성을

쌓고 살았다. 대조영이 굳세고 용맹스러워 말갈 및 고구려 유민들이 점점 모여들었다.

이어서 이 자료와 관련된 몇 가지 질문을 던지고 있는데 여기에 저자의 서술 의도가 간접적으로 드러나 있다. 발해는 어느 나라를 계승했다고 할 수 있는지, 발해 민족 구성의 특징은 무엇인지, 발해 문화에 나타난 고구려적 요소는 무엇인지. 세 질문에서 공통된 키워드는 '고구려'다.

한편 《고등학교 동아시아사》(교학사)에서는 "동북공정에 대해 조사해 보고 중국이 이를 실시하는 이유에 대해 생각해 보자"라며, 한발 더 나아가 중국의 동북공정을 직접적으로 다루고 있다.

이번 답사에서 발해사를 논할 때 중요한 비중을 차지하는 유적을 보고 오지 못했다. 일반 여행사에서는 이 지역 관광 상품을 어떻게 구성하고 있을지 궁금해졌다. 대부분 첫날 장춘공항에 내려서 발해공원과 그 근처에 있는 건물 주춧돌을 모아 놓은 '강동 24석'을 관람하는 일정으로 구성되어 있다. 두 곳은 별다른 허가 없이 접근할 수 있기에 이렇게 코스가 짜여 있겠구나 싶다. 하지만 발해라는 나라를 이해할 때 가장 중요한 코스는 정작 들르지 못한 채, 후대 중국인들이 만들어 놓은 발해 왕 조각을 보는 것에서 발해의 흔적을 얼마나 느낄 수 있을지 궁금하다.

Manchouli
Dalai
Nor
Hailar

둘째 날.

간도 땅의 그들

봄바람 같은 미소를 가진 윤동주

다른 이들이 '하늘을 우러러 한 점 부끄러움 없는 삶'을 이야기할 때, 나는 그 시를 써 내려 갔을 시인을 생각했다. 사실 그의 시보다는 사진 한 장 속 그의 얼굴이 좋았다. 굳게 다문 입술과 선해 보이는 눈빛이 좋았다. 흑백사진 속 그는 이미 100년 전에 태어난 사람이건만, 마주 앉아 대화를 나누면 아무 말 없이 끄덕거리면서 마냥 이야기를 들어줄 것만 같다. 이 느낌이 틀리지만은 않은가 보다. 그와 함께 하숙을 했으며 윤동주의 시가 세상에 나올 수 있도록 한 정병주는 '봄바람이 있는 듯한 미소'를 가진 사람이라고 윤동주를 묘사했다.

> 넓직한 이마, 곧게 뻗은 콧날, 시원스러운 눈매. 굵지도 둥글지도 않은 얼굴. 굳게 다문 입술. 탐스러운 귀. 후리후리하면서도 다부지게

윤동주

2005년 윤동주 시비 건립 10주년 행사 관련 안내 전단

균형이 잡힌 몸매. 맵시 있는 걸음. 봄바람이 있는 듯한 미소. 동주형은 한 마디로 미남이었다. 그리고 멋쟁이였다.

-《별의 노래》, 김수복, 1995

2005년 일본 배낭여행을 했다. 사찰과 박물관을 중심으로 코스를 짜고 한 군데 더 일정을 넣었다. 도시샤 대학. 바로 시인 윤동주가 후쿠오카 형무소에서 생을 마치기 직전까지 다닌 대학이다.

윤동주 추모비가 도시샤 대학 교정 한 켠에 세워져 있다. 내가 들렀을 때는 마침 〈서시〉가 새겨진 비석 아래 종이 한 장이 놓여 있었다. 추모비가 세워진 지 10년이 되는 날에 맞춰 추모 집회를 연다는 내용이었다. (추모비는 1995년에야 세워진 모양이었다.) 집회 안내 전단 속 약력 소개에는 1917년에 태어나 1945년 사망했다고 쓰여 있었다. 고작 스물아홉. 일본 땅에서 만난 윤동주는 여전히 20대 청년이었다.

이번 답사 일정에 '윤동주 생가'가 포함되어 있는 것을 보고서야 그의 고향이 만주라는 걸 알았다. 윤동주가 연희전문대학(현 연세대학교) 출신이라는 사실을 익히 알고 있던 터라 당연히 조선 땅에서 나고 자랐을 것이라 생각해 왔다.

답사를 준비하며 그의 시를 다시 읽어 봐야겠다고 생각했다. 답사 예정지인 명동촌은 그의 시 속에서 어떻게 묘사되었을지 궁금했다.

같은 학교 국어 선생님께 윤동주 시집을 빌릴 수 있냐고 물었다. 그리고 다음 날, 대학 때 읽던 책이라며 윤동주 관련 전공 서적을 하나 건네받았다. 지금은 절판된 책 속에는 윤동주의 시뿐 아니라, 주변 지인들의 증언을 바탕으로 시인의 일생이 성실하게 정리되어 있었다.

책을 읽으면서 '시인 윤동주'가 아니라 일제 강점기를 살아 낸 '개인 윤동주'를 알게 되었다. 자서전을 읽었더라면 감동은 덜했을 듯싶다. 마치 퍼즐조각을 찾아 맞추는 듯했다. 그의 친구, 후배 들의 입을 통해 윤동주의 일생이 꿰어 맞춰졌다. 마냥 선해 보이는 눈빛을 가진 이 청년을 더 알고 싶었다. 그가 태어나고 자란 명동촌은 어떤 곳일까. 그의 시 세계가 만들어진 토대가 된 그곳은 어떤 곳일까. 어린 시절의 경험은 삶의 토양이 되어 어떠한 방식으로든 발현되곤 하니까.

아늑한 명동촌

사방이 산으로 둘러싸여 있는 아늑한 마을이었다. 동북서로 완만한 호서형 구릉이 병풍처럼 마을 뒤로 펼쳐져 있고 그 서북단에는 선바위란 절경의 삼 형제 바위들이 서북풍을 막아주며 웅장한 모습으로 창공에 우뚝 솟아 있었다. 그 바위들 후면에는 우리 조상들의 싸움터로 여겨지는 산성이 있고 화살 같은 유물이 가끔 발견되곤 했다. 이 바위들은 명동 사람들의 공원이기도 했다. …… 봄이 오면 마을 야산에는 진달래, 살구꽃, 산앵두꽃, 함박꽃, 나리꽃, 할미꽃, 방울꽃 들이 시새워 피고, 앞 강가 우거진 버들숲 방천에는 버들강아지가 만발하여 마을은 꽃과 향기 속에 파묻힌 무릉도원이었다. 여름은 싱싱한 푸름 속에 묻혀 있고 가을은 원근 산야를 막론하고 아름다운 단풍과 무르익은 황금색 전원으로 황홀하였다. 겨울의 경치는 더욱 인상적이었다. 산야 나무의 앙상한 가지들이 삭풍에 울부짖고 은색 찬란한 설야엔 옥색 얼음판이 굽이굽이 뻗으며 선바위골로 빠지는 풍경은 실로 절경이었다. 폭설이 내리는 날엔 노루 떼, 멧돼지 떼 들이 먹이

를 찾아 마을로 내려오고 그런 날이면 온 마을은 흥분의 도가니 속에서 들뜨곤 했다. 썰매타기, 스케이트, 자치기, 매를 갖고 꿩사냥을 하는 것을 구경하러 따라 다니기 등 명동의 겨울은 잊을 수 없는 추억들이다.

《별의 노래》에 실린, 윤동주와 같은 명동촌 출신 외사촌 동생인 시인 김정우가 회상한 글이다. 윤동주와 어린 시절을 함께 보낸 그의 기억을 통해 고향 풍경을 짐작해 볼 수 있다.

버스가 도착한 곳은 인가도 드문 시골 마을이었다. 차로변에 '윤동주 생가'라는 돌비석이 없었다면 그냥 지나칠 만큼 한적한 곳이다. 윤동주 시인이 국내에서 차지하는 위상을 생각했을 때, 안내석은 초라하기 그지없었다. 안타까웠지만, 그리 서운하지는 않았다.

만약 생가가 국내에 있었다면 주변에 기념관뿐 아니라 숙박시설도 우후죽순으로 들어섰을 것이다. 그랬다면 시인에 대한 대중적 위상은 더욱 높아졌겠지만 그의 문학 세계를 이루는 바탕이 된 어린 시절의 흔적은 찾아보기 어려웠을지도 모른다.

명동교회와 규암 김약연

쫓아오던 햇빛인데
지금 교회당 꼭대기
십자가에 걸리었습니다.
첨탑이 저렇게도 높은데
어떻게 올라갈 수 있을까요.
– 〈십자가〉, 윤동주

윤동주 생가로 들어가는 길목에 다섯 칸짜리 건물이 서 있었다. 하얀 벽과 대조적으로 기둥과 창문만 나무 색으로 표현해 단아한 멋이 있다. 건물 입구 쪽에는 바닥부터 꽂혀 있는 나무 기둥 끝에 십자가가 걸려 있다. 윤동주가 시에 묘사한 바로 그 교회당이었다.

교회 안에는 다른 한국인 관광객 한 무리가 이미 들어와 있었다. 그들은 동그랗게 손을 잡고 선 채로 기도를 하고 있었다. 1916년에 세워진 명동교회는 건립된 지 100년이 다 되었다. 허름해 보여도 역사 유적이다. 한 세기 동안 만주 지역 동포 사회에 기독교를 전파한 선구적 역할을 했다는 이야기다. 한국 기독교 역사에서는 윤동주 생가보다 명동교회 건물이 더 의미 있을지도 모를 일이다.

그러나 명동교회는 단순히 기독교 선교의 역할만 담당하지 않았다. 명동촌의 정신적 구심점이었다. 이 사실은 명동촌을 개척한 규암 김약연 선생의 증손

자 김재홍 씨가 《한겨레》에 공개한 한 장의 사진을 통해서도 짐작해 볼 수 있다.

흑백사진이지만 100년 전 교회 모습은 지금과 크게 다르지 않다. 교회 앞에 빼곡히 서 있는 사람들을 보면 당시 명동교회의 위상을 짐작해 볼 수 있다.

기독교는 어떻게 이 지역에 뿌리내리게 되었을까? 1899년 김약연, 김하규, 문병규, 남종구 등은 함경북도 회령에서 이곳으로 건너와 땅을 사서 마을을 만들기 시작한다. 그들이 가장 먼저 준비한 공간은 서당이었다. 이후 인근 서당 몇 곳을 합쳐 명동서숙이라 이름 붙이고 반일교육을 진행했다. 그러던 중 그들은 당시 신민회 회원이던 정재면을 교사로 초빙하려 했다. 그때 정재면이 요구 하나를 한다. 마을이 기독교를 믿고 학교에서도 성경을 정식 과목으로 인정해야 초빙에 응하겠다. 이 요구만 들어준다면 자신을 비롯한 우수한 교원이 함께 들어오겠다고.

1910년대 명동교회

김약연을 비롯해 이주해 온 거의 모두가 유학자儒學者 출신이었다. 이들에게는 자신의 가치관을 내려놓아야 하는 요구 조건이었다. 며칠간 논쟁을 벌인 끝에 결국 청년들에게 민족의식을 고취시키자는 목적 하나만을 위해 자신들이 공부해 온 유학을 포기하고 기독교를 받아들이기로 결정한다. 그리하여 명동교회가 세워진 것이다.

지금 교회는 주일에는 여전히 예배를 드리는 공간으로 사용되고 평소에는 전시관 역할도 하고 있다. 작은 공간을 효율적으로 사용하기 위해 별도의 게시판을 세워 명동 지역 주요 인물의 사진과 업적을 전시해 두었다. 그중 중심인물은 단연 규암 김약연이다.

선생은 '간도의 대통령'이라고 불릴 만큼 이 지역에서 영향력이 큰 인물이었다. 명동학교 교장과 명동교회 목사로 있으면서 윤동주, 송몽규, 나운규, 문익

'간도의 대통령'이라 불린 규암 김약연(1868~1942)

명동교회 옆에 새워져 있는 규암 김약연 선생의 비석. 비석의 머리가 파손되어 있어 정비가 시급해 보인다

환 등의 인재를 키웠다. 명동교회 전시관에 붙어 있는 여러 안내문 중 가장 인상적인 것이 규암 김약연 선생의 말씀이다. “나의 행동이 나의 유언이다.” 더 이상 무슨 말이 필요할까.

한편 김약연 선생의 누이 김용과 윤하현 장로의 아들 윤영석 사이에서 태어난 이가 바로 ‘윤동주’다.

윤동주 생가와 우물

윤동주 생가는 명동교회 가까이에 자리 잡고 있다. 지금 남아 있는 집은 아쉽게도 당시에 지어진 건물은 아니다. 1900년경 윤동주의 할아버지 윤하현이 지은 기와집이 있었는데 윤동주 가족이 이사를 간 후 다른 사람에게 팔렸다가 1980년대에 허물어졌다고 한다. 그리고 1994년에 새로 복원한 것이 지금의 생가 건물이다. 명동교회와 마찬가지로 흰색 벽에 기둥과 문의 나무 색이 잘 어울린 단정한 모습이지만 명동교회에 비해 지붕의 곡선이 날아갈 듯 살아 있어 좀 더 경쾌한 느낌이다.

복원된 건물에서 윤동주의 흔적을 온전히 느낄 수 없겠지만, 그 집 마루에서 건너편으로 보이는 풍경은 크게 변하지 않았을 것이다. 이를테면 멀리 보이는 산 능선이나 여름날 들판의 풍경 말이다. 마루에 잠시 걸터앉아 보았다.

집 밖으로는 담장이 없어 마을 풍경이 한눈에 들어왔다. 옥수수 밭이 펼쳐져 있고, 뒤편으로 낮은 산들이 마을을 아늑하게 둘러싸고 있다. 집 왼쪽으로는 그가 시에서 말한 우물이 있다. 외관은 대리석으로 둘러싸여 옛 모습을 짐작하기 어려웠다. 그러나 위에 덮여 있는 뚜껑을 열어 보니 안쪽에는 화강암으로 켜켜이 돌려서 쌓은 옛 우물 모습이 그대로 남아 있었다.

산모퉁이 돌아 논가 외딴 우물을 홀로 찾아가선 가만히 들여다봅니다.
우물 속에는 달이 밝고 구름이 흐르고 하늘이 펼치고
파아란 바람이 불고 가을이 있습니다.
그리고 한 사나이가 있습니다.
어쩐지 그 사나이가 미워져 돌아갑니다.
돌아가다 생각하니 그 사나이가 가엾어집니다.
도로 들여다보니 사나이는 그대로 있습니다.
다시 그 사나이가 미워져 돌아갑니다.
돌아가다 생각하니 그 사나이가 그리워집니다.

윤동주 생가로 들어가는 입구. 명동교회와는 100미터 정도 떨어져 있고, 입구에는 큰 나무 몇 그루가 일주문처럼 늘어서 있다

우물 속에는 달이 밝고 구름이 흐르고
하늘이 펼치고 파아란 바람이 불고
가을이 있고 추억처럼 사나이가 있습니다.
– 〈자화상〉, 윤동주

우물 속에 비친 자신이 미워서 돌아섰다가 가여워서 다시 돌아왔다가, 다시 또 미워지고 또 그리워지는 사나이. 우물 속을 들여다보고 있으니 이 가여운 사내가 떠오른다.

사내는 조선인 핏줄을 갖고 중국 간도 땅에서 태어나 어린 시절을 보낸다.

20대 초반에는 조선 땅에 있는 연희전문대학에 입학했다가, 중반에는 일본으로 건너간다. 그러나 그곳에서 체포되고, 결국 다시 간도 땅 명동촌으로 돌아온다. 한줌의 재가 되어. 한 인간의 삶이 어찌 이렇게 파란만장한가. 그것도 채 서른도 넘기지 못한 짧은 삶 동안 말이다.

몇해 전 윤동주가 일제에 체포되기 직전까지 다닌 도시샤 대학 교정을 걸었고, 이번에 생가와 명동교회를 차례로 들렀다. 한 인간이 살던 공간을 거꾸로 되짚어 찾아가는 길. 그에 대한 연민이 더욱 깊어진다.

명동학교 터를 찾아서

명동촌에서 들르기로 한 곳은 명동교회와 윤동주 생가 두 곳뿐이었다. 일정을 다 마쳤으니 버스에 다시 타야 했다. 그때 일행 중 한 사람이 한 곳을 더 보고 가자고 즉석에서 제안했다. 개인적으로 준비해 온 자료들을 뒤적이며 늘 앞서 걷던 하영식 선생이었다. 이 근처에 아마도 명동학교 터가 남아 있을 것이라 했다. 윤동주, 송몽규, 나운규, 문익환이 민족의식을 키우며 어린 시절을 보낸 학교였다.

하지만 명동학교가 명동교회와 가까운 곳에 있을지는 확실치 않았다. 더구나 갖고 있던 자료집에도 명동학교 터의 위치는 나와 있지 않았다. 상수씨도 위치를 모른다고 했다.

가 본 적이 없다는 상수씨의 대답을 들으며 발해 유적을 지척에 두고 돌아

2011년 복원된 명동학교

서야 했던 전날처럼 또 이렇게 되돌아가야 하나 싶었다. 그런데 행동이 빠른 하 선생이 금세 위치를 파악해서 돌아왔다. 일행이 상수씨와 우왕좌왕하는 사이에 명동교회로 다시 들어가 주민에게 근처에 비석 같은 것이 없냐고 물은 모양이었다. 그리고 비석이 있다는 이야기를 들었다고 우리에게 전했다. 그리 멀지 않은 곳에 있다고도 했다.

생각지도 못한 수확이었다. 일행은 이내 마을 주민들에게 비석 위치를 물어가며 움직이기 시작했다. 들어온 마을 입구에서 윤동주 생가와는 반대 방향이었다. 그렇게 걷다 보니 회색 벽돌 건물이 나타났다. 복원 공사 끝에 최근 완공된 명동학교였다. 100년 전 사진 속 모습 그대로 잘 만들어져 있었다. 그러나 사실 복원된 건물보다 더 궁금한 것은 고등학교 한국 근 · 현대사 교과서에서 익히 봐 온 옥수수 밭 사이로 서 있는 명동학교 표지석 풍경이었다. 복원된 건물이 있다면, 건물 근처 어딘가에 건물 터를 알리는 초석이 남아 있을 텐데.

이어 "찾았다!" 하는 소리가 들려왔다. 일행 몇몇이 복원된 건물 앞에 우거져 있는 옥수수 밭 안에서 '명동학교 유적지'라고 적힌 작은 표지석을 찾아 냈다. 교과서 속 사진 그대로였다.

만약 가이드의 안내에 따라 도착했어도 이렇게 감격스러웠을까. 비록 당시 건물은 남아 있지 않았지만, 민족운동의 기지 역할을 한 공간을 만나게 되니 가슴이 벅찼다. 더구나 바로 근처에 두고도 스쳐 지나갈 뻔하지 않았나.

아, 하교수! 어느덧 호칭이 '하교수'로 바뀌어 있었다. 상수씨는 우리에게는 '선생 동지'라고 칭했지만 하선생에게 만큼은 진작부터 '교수 동지'라는 호칭을 사용하고 있었다. 그가 보기에도 하선생의 학문적 깊이와 열정이 남달라 보인 모양이다.

명동촌을 떠나며

명동촌을 나서며 많이 아쉬웠다. 먼저 명동촌에는 시인 윤동주만 너무 부각되어 있었다. 물론 이곳을 방문하는 사람들 거의 모두 대중적으로 잘 알려진 시인 윤동주의 흔적을 찾기 위해 오는 편이다. 그러다 보니 마을 입구에도 '윤동주 생가'라는 안내석만 세워져 있다.

그러나 사실 명동촌을 '윤동주 생가 지역'이라고만 이름 붙이기에는 여러모로 아쉽다. 이곳에서 활동한 많은 민족주의자, 특히 이곳의 정신적 지주인 규암 김약연 선생의 영향력이 간과되는 것 같아서다. 명동촌에서 윤동주 생가만 중요한 의미를 갖고 있지 않은 만큼, 윤동주 생가라는 돌비석 옆에 명동촌을 안내하는 안내판을 설치해 명동학교 터, 명동교회도 모두 표시해 주면 좋을 듯싶다.

또 각각의 장소에는 그 장소를 자세히 알려 주는 안내가 전혀 없는데, 안내판 하나 정도는 세워 줄 수 있지 않을까.

윤동주 생가에서도 조금 아쉬웠다. 시 속에 묘사된 장소들을 더 친절히 설명해 주면 어떨까. 거의 모든 사람이 윤동주 생가 안에 들어가서 집의 구조를 살필 뿐 그 옆에 덩그러니 있는 우물은 지나치기 일쑤다. 우물 앞에 '우물 속에 추억 속의 사나이가 있다'는 〈자화상〉 시가 적힌 안내문을 세워 두면 어떨까. 더불어 명동교회 앞에는 '쫓아오던 햇빛이 교회당 꼭대기 십자가에 걸렸다'는 〈십자가〉 시를 게시해 두면 어떨까 싶다.

또 현재 명동교회가 나름의 전시관 역할을 하고 있지만, 명동 지역 인물과 관련된 전체 내용이 대강만 전시되어 있다 보니, 각각의 장소에 대한 자세한 설명이 부족하다. 이를 보완하기 위해서 명동교회에서 명동촌의 지도와 유적지를 자세히 설명하는 안내문을 제공하면 어떨까. 이곳에 들르는 관광객들이 윤동주 생가만 보고 가는 것에 그치지 않고 명동촌을 전체적으로 이해할 수 있도록 말이다. 그 옛날 명동교회가 명동촌의 구심점이 된 것처럼.

버스는 다시 용정 시내로 향했다. 그리고 용정중학교에서 멈췄다. 용정중학교는 윤동주가 다닌 은진중학교와 더불어 대성 · 동흥 · 광명학교, 명신 · 광명여고를 포함한 여섯 학교를 통합해 만든 학교다. 학교에 들어서면 윤동주의 〈서시〉가 새겨진 비석이 세워져 있고, 담장 게시판에는 그가 지은 동요가 있다. 또 '윤동주 교실'이라는 별도의 전시관도 마련되어 있다. 학교는 전체적으로 윤동주를 중심으로 단장되어 있다. 하지만 사실 엄밀히 말하자면 윤동주는 용정중학교를 다니지 않았다. 윤동주가 다닌 은진중학교는 다른 학교와 통합되어 버렸고, 용

여섯 학교를 통합해 만든 용정중학교

담장 게시판에는 윤동주가 지은 동시가 있다

1920년대 대성중학교

1996년 복원한 대성중학교의 현재 모습

정중학교는 당시 여섯 학교 중 하나인 대성중학교 자리에 다시 세워졌기 때문이다. 또 그나마 남아 있는 대성중학교 건물도 1996년에 복원된 것이다.

윤동주의 동반자,
송몽규

건물 2층엔 용정 지역 독립운동 관련 인물 사진이 전시되어 있다. 이상설이 세운 서전서숙, 윤동주가 다닌 명동학교, 은진중학교의 옛 사진, 안중근 의사가 자필로 작성한 '이토 히로부미 처단 이유서' 사진도 있다. 또 하얼빈 역에서 내리는 이토 히로부미의 생전 마지막 사진도 전시되어 있다. 그러나 무엇보다도 눈길을 끄는 것은 윤동주와 송몽규가 함께 있는 사진이었다.

> "1925년 4월 4일, 윤동주는 명동소학교에 입학하였다. 함께 앉은 고종사촌형 송몽규는 말 잘하고 엉뚱한데 비하여 윤동주는 성품이 순하고 어질어 꾸지람을 받아도 눈물이 핑 도는 애였다. 그러나 문학 애호는 둘 다 비슷하였다."
> "소학 4학년 시절, 동주는 서울에서 발간되는 《아이생활》 잡지를, 몽규는 《어린이》 잡지를 주문하여 애독하였으며 5학년 때는 몽규를 따라 《새명동》 잡지를 꾸리는 데 적극 동참했다."
> "1938년 윤동주는 송몽규와 함께 연희전문학교 문과입학시험에 합격되었다."

《유서 깊은 명동촌》(백민성, 2001)에 실린 윤동주 관련 내용이다. 이처럼 윤동주에 관한 자료를 살펴보면 '송몽규와 함께'라는 구절이 종종 나온다. 간도 땅에 있던 명동학교와 은진중학교에서도, 서울에 있는 연희전문학교에서도 윤동주와 송몽규의 이름은 나란히 붙어 있다.

윤동주(뒷줄 오른쪽)가 릿쿄 대학 재학 1학년 시절, 여름방학을 맞아 귀향해 고종사촌 송몽규(앞줄 가운데)와 함께

그뿐만이 아니다. 심지어 둘은 1917년 같은 해, 같은 장소에서 태어났다. 그리고 삶의 마지막 순간까지 같은 해, '형무소'라는 같은 공간에서 20여 일 차이를 두고 병사했다. 이처럼 질긴 인연이 또 어디 있을까.

이 둘이 태어난 곳은 모두 윤동주 생가다. 윤동주에게는 친가, 송몽규에게는 외가인 곳. 둘은 동갑내기 사촌이다.

윤동주는 정적이고 고요한 성품이었지만 송몽규는 추진력과 리더십이 있었다. 하지만 둘 다 문학에 관심이 많아 명동소학교 5학년 때는 《새명동》이라는 잡지를 같이 발간하기도 했다. 그러다가 1935년 송몽규가 〈숟가락〉이라는 콩트로 《동아일보》 신춘문예에 먼저 당선되면서 윤동주에게도 적잖은 자극을 주었다고 한다.

송몽규가 어떤 삶을 살았는지는 일본 정부가 재판장에서 그의 죄목을 늘어놓은 판결문을 보면 역설적으로 짐작할 수 있다. 송몽규의 재판 판결문은 뜻밖에도 몇몇 일본인이 노력해 국내에 소개되었다. 윤동주 시비건립위원회의 곤다니 사무국장, 교토 대학의 미즈노 나오키 교수 그리고 도쿄가쿠게이 대학의 이

수경 교수 등이 공동으로 일본 검찰청에 자료 공개를 요청했고, 그 결과 2011년 7월 일본 교토 지방 검찰청이 이례적으로 전격 공개하게 된 것이다. 판결문은 이수경 교수가 번역해 《세계한인신문》(2011. 8. 2.)에 실었는데, 내용은 다음과 같다.

> 피고는 만주 간도성에 거주하는 조선 출신 학교 교사의 집에 태어나서 같은 땅에서 중등교육을 받았으나 어릴 때부터 중화민국인의 박해를 받고 민족적 비애를 체험하여 민족적 학교 교육 등의 영향으로 치열한 민족의식을 품게 되어, 1935년 4월경 선배의 권유로 학업을 중도에 그만두고 남경 소재의 조선독립운동단체인 김구 일파의 아래에 들어가 운동에 참가하면서 점점 그 의식을 높였고, (중략)
> 그 뒤, 간도성 용정 국민고등학교 경성 연희전문학교를 거쳐서 1942년 4월 교토제국대학교 문학부 사학과에 선과생으로서 입학하여 현재에 이르게 된 것이나 변함없이 민족적 편견을 가지고, 특히 조선 국내의 각 학교에 있어서 조선어 교육과목의 폐지와 함께 언문에 의한 신문 잡지의 폐간 등의 사실을 알게 되어 제국 정부(일본)의 조선 통치 정책을 두고 필경 조선의 모든 특이성을 몰각시키고, 그 고유문화를 절멸시켜서 드디어 조선 민족의 멸망을 의도한다고 망단妄斷(멋대로 망상하고 판단)하여 깊이 그 시정을 원망한 결과, 여기에 조선 민족의 자유 행복을 초래하기 위해서는 조선을 제국 통치권으로부터 이탈시켜서 독립 국가를 건설하는 것 외에는 없고, 실현을 위해서는 당면 조선인 일반 대중의 문화 수준을 앙양시켜서 그 민족적 자

각을 유기(유발 상기)시켜서 점차 독립의 기운을 양성시키지 않으면 안 된다는 결의를 굳히기에 이르렀고…….

1944년4월13일

교토지방재판소 제1형사부

판결문에서 일제는 송몽규의 '망단'이라고 표현했다. 이를 통해 오히려 그가 일제 식민지 교육의 본질과 목적을 잘 꿰뚫고 있었음을 알 수 있다. 또 문제의식을 갖고 직접 독립운동 단체에 들어가 활동하는 등 윤동주와는 다른 행보를 걸었다. 송몽규는 은진중학교에 재학 중이던 열아홉에 중국 난징으로 건너간다. 그리고 김구가 만든 중국 중앙 육군 군관학교 한인 특별반에 입학해 군사훈련을 받기도 한다. 그의 문학은 윤동주와도 닮아 있고, 삶 또한 치열하고 처절했는데 국내에서 윤동주만큼 조명을 받지 못하는 것이 안타깝기만 하다.

매달 늦어도 5일까지는 반드시 오던 엽서가 1945년 2월에는 중순이 되어도 오지 않았다. 사망 통지의 전보가 온 날은 일요일이었다. 식구들은 다 교회에 나가고 나와 동생이 집을 보는 고요한 오전, 날아 들어온 전보는 "2월 16일 동주 사망, 시체 가지러 오라"였다. 나는 허둥지둥 교회로 달려가 어른들을 모셔오고, 잠시 후 예배를 마친 교인들이 몰려와 집안은 삽시간에 빈소 없는 초상집이 되었다. (중략) 아버지는 신경新京에 들러 그곳에 계시던 영춘 당숙님을 데리고 안동을 거쳐 후꾸오까에 가셨다. 아버지가 떠나신 후 집에는 형무소로부터 한 장의 통지서가 우편으로 보내왔다. 미리 인쇄되어 있는 양

윤동주 묘비 옆에 둘러앉은 가족들. 윤동주의 막내 동생 윤광주(묘비 왼쪽), 윤동주의 여동생 윤혜원(묘비 오른쪽)

식 속에 필요사항만 기입하게 되어 있는 그 통지문의 내용은 "동주 위독함. 원한다면 보석할 수 있음. 만약 사망시에는 시체를 인수할 것. 아니면 구주제국대학에 해부용으로 제공할 것임. 속답을 바란다"라는 것이었다. 그리고 거기에 쓰인 병명은 뇌일혈이었다.

아무리 일본에서 만주까지 우편이 4일 정도 걸린다고 해도 죽기 전에 보냈다는 편지가 10일이나 지난 후에 올 수 있는가. 왜 미리 보내어 사람을 살릴 도리를 강구해 주지 않았는가! 우리는 새삼 땅을 치고 울었다.

《윤동주 평전》(송우혜, 2004)에 실린, 윤동주 동생 윤일주 교수가 증언한 내용 중 일부다. 가족들은 사망 전보를 받고 나서 며칠 뒤 뜻밖에도 위독하다는 편지를 또 받게 된다. 편지가 쓰일 당시, 그는 아직 살아 있었다. 더구나 보석으로 석방될 수도 있었다. 그러나 뒤늦게 도착한 편지 한 통은 '만약 그랬더라면'이라는 생각을 떨치지 못하게 만들어 남은 가족들을 더 서럽게 만들지 않았을까 싶다.

그날따라 봄을 시샘하는 눈보라가 몹시 날려서 동주의 유골을 땅에 묻는 사람들의 마음을 더욱 춥게 했다. 그리고 바로 다음날인 3월 7

> 일에 송몽규도 복강형무소 안에서 절명했다. 윤동주 때와 마찬가지 형식의 옥사 통지 전보가 형무소에서 보내졌다. 송몽규의 가족들은 땅을 치며 목 놓아 통곡했다. 그 슬픔과 원통함은 윤동주 때와 또 달랐다. 윤동주 때는 자식이 이역의 감옥에 갇혀 있다는 깊은 쓰라림 속에서도 어서 날이 가서 출옥할 날을 기다리고 있다가 느닷없이 당한 소식이었다. 그러나 송몽규의 경우는 더 참혹했다. 가족들은 동주의 유해를 가지러 일본에 갔었던 윤영석 · 윤영춘 선생을 통해서 몽규가 복강감옥 속에서 정체 모를 주사를 강제로 맞아가며 피골이 상접한 모습으로 죽어 가고 있다는 소식을 들었다. 그렇잖아도 산 채로 피가 마르는 상황인데 사망 소식이 날아온 것이다. 참으로 원통함이 하늘에 사무칠 일이었다.

안타깝게도 윤동주가 죽은 지 20일 뒤에 송몽규도 죽었다는 소식이 전해진다. 송몽규의 조카인 역사학자 송우혜씨는 《윤동주 평전》에서 송몽규의 가족들에게는 올 것이 왔다는 참혹함이 컸다고 했다.

윤동주가 사망한 후 그의 유해를 가지러 일본에 간 윤영석, 윤영춘 선생은 송몽규를 면회하러 간다. 그리고 그때 죄수복을 입은 청년들이 주사를 맞기 위해 시약실 앞에 줄지어 서 있는 모습을 보게 된다. 이 이야기를 전해 들은 송몽규의 가족들은 '정체 모를 주사' 때문에 그의 죽음을 예감하고 있었을지도 모른다. 이러한 증언은 그들의 사망 원인이 생체실험 주사 때문이었다는 이야기로 확산된다. 또 한편에서는 당시 그들이 맞은 주사가 생체실험 주사가 아니라 당시 유행하던 전염병 예방주사였다는 주장이 있기도 하다. 사실이든 아니든 간에, 가장 안타까운 점은 윤동주와 송몽규가 죽고 난 불과 몇 달 후 조국이 '해방의 그날'을 맞이했다는 것이다.

용정의 유래, 용두레 우물

명동촌과 용정중학교를 나와 다시 버스에 타자, 상수씨가 종이를 한 장씩 나누어 주었다. 가곡 〈선구자〉 가사였다. 다음 일정은 이 노래 가사에 나오는 '용두레 우물', '용문교', '일송정'과 '해란강'이라고 했다. 그는 같이 불러 보자며 마이크를 잡고 선창을 했다.

일송정 푸른솔은 늙어 늙어 갔어도
한줄기 해란강은 천년 두고 흐른다.
지난 날 강가에서 말 달리던 선구자
용두레 우물가에 밤새 소리 들릴 때
뜻깊은 용문교에 달빛 고이 비친다.
이역 하늘 바라보며 활을 쏘는 선구자

어느새 버스는 거룡우호공원에 도착했다. 경상남도 거제시와 중국 길림성 용정시가 자매결연을 맺고 거제시의 협력으로 만들어진 공원이라고 한다. 공원에는 노래 가사 속 용두레 우물가가 있다.

용두레 우물 ⋮ 용정 지역 명칭의 유래가 된 우물이라는 설명이 적혀 있다 ⋮

함경북도 회령에 살다가 19세기 중후반에 해란강 주변으로 이민을 온 박인덕, 장인석 등은 농사를 짓다가 땅속에 파묻혀 있던 우물을 발견한다. 그리고 우물 주변을 정리하고 용두레를 설치해 식수로 사용하기 시작한다. 이후 동포들이 우물 일대를 중심으로 모여 살기 시작했다. 그리고 이 지역을 '용두레를 사용하는 우물'을 한자로 표기한 용정龍井이라 부르게 되었다고 한다.

지금 우물은 발견 당시 모습은 아니다. 문화대혁명 때 파괴되어 다시 복원되었다고 한다. 우물 옆에 길게 가지를 뻗은 나무만이 100여 년 전을 보여 주고 있다. 이 우물을 기점으로 만주로 건너간 동포들이 모여 살게 되면서 조선족의 역사가 시작되었으므로 그 의미는 적지 않다.

탄압의 흔적,
간도 일본 총영사관

용정 지역을 다니면서 독립운동을 한 이들의 자취를 돌아보기는 했지만, 정작 일본 식민 지배의 흔적을 느낄 만한 곳을 찾긴 쉽지 않았다. 그러한 가운데 옛터가 아니라 건물 그대로 남아 있는 곳이 있다. 바로 용정시 인민정부 청사다. 현재는 관공서로 사용되고 있는 이 건물은 원래 1907년 일본이 만든 통감부 간도파출소였다. 그러다가 일본은 1909년 이를 없애고 간도 일본 총영사관을 설치한다.

송우혜씨의 설명에 따르면 '통감부 간도파출소'와 '간도총영사관', 각각을 설치한 의미엔 아주 큰 차이가 있다고 한다. 파출소는 일본 내무성 관할이고 총영

용정시 인민정부청사로
사용되고 있는
옛 간도 일본 총영사관

사관은 외무성 관할이다. 이 사실은 일본이 간도 땅을 어떻게 인식하고 있는지를 잘 보여 준다. 파출소 설치 동안엔 간도 일대를 대한제국 땅으로 간주해 본인들의 영토로 인식한 반면, 1909년에 영사관으로 변경한 것은 이 지역을 대한제국의 영토로 보지 않고 청의 영토로 봤다는 이야기다.

이를 이해하기 위해서는 우선 간도

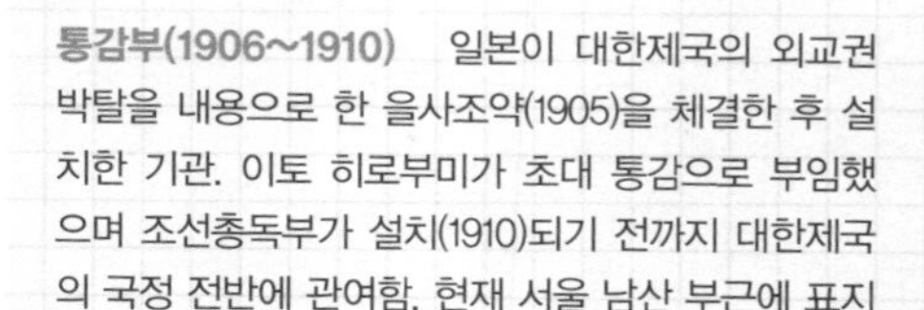

통감부(1906~1910) 일본이 대한제국의 외교권 박탈을 내용으로 한 을사조약(1905)을 체결한 후 설치한 기관. 이토 히로부미가 초대 통감으로 부임했으며 조선총독부가 설치(1910)되기 전까지 대한제국의 국정 전반에 관여함. 현재 서울 남산 부근에 표지석이 남아 있음.

백두산정계비 1712년(숙종 38) 조선과 청이 양국 영토의 경계를 구분하기 위해 건립한 비. 철종 말부터 조선인들은 두만강 너머 간도로 이주해 삶의 터전을 일구었음. 그러나 1881년 청이 자국인의 간도 이주와 개간을 장려하는 정책을 실시하면서 양국 간의 간도 영유권 문제가 발생하자, 1712년 조선과 청 대표가 백두산 일대를 답사하고 국경을 확정해 백두산정계비를 세움.

지역의 역사를 살펴봐야 한다. 조선과 청은 1712년(숙종 38) 백두산정계비를 세워 국경선을 확정했다. 그러다가 19세기 중엽 이후 간도 지역에 건너오는 이들이 증가하자 이곳을 둘러싼 영유권 분쟁이 일었다. 이에 양국은 이전에 세운 백두산정계비 내용을 다시 살펴보게 된다. 비석에는 "서쪽으로는 압록, 동쪽으로는 토문을 국경으로 삼는다"고 쓰여 있었다. 문제는 '토문강'이었다. 조선은 토문강을 송화강의 일부라고 해석했고, 청은 두만강이라고 주장했다. 결국 두 강 사이에 위치한 간도를 둘러싸고 두 나라 사이에 분쟁이 발생한 것이다. 그러던 중 1905년 을사조약으로 조선의 외교권을 빼앗은 일본이 청과 1909년 간도협약을 맺는다. 이때 일본은 청으로부터 남만주철도 부설권을 얻는 대신 청의 주장을 수용해 간도 지역을 넘겨준다. 간도가 일본에 의해 청의 영토가 된 것이다. 간도 '파출소'가 간도 '총영사관'으로 간판을 바꿔달게 된 데는 이러한 역사가 있다.

한편 1920~1930년대 신문에서 '간도 일본영사관'이라는 기사를 찾아보면 거의 모두 '검거', '기소' 등의 단어와 연관되었음을 알 수 있다. 간도 일대 독립운동에 대한 탄압이 바로 이 영사관과 경찰서를 중심으로 진행되었음을 짐작케 한다. 이 가운데 앞서 언급한 송몽규와 관련 있어 보이는 기사(《동아일보》 1935. 12. 21.) 하나를 찾았다.

간도영사관 경찰서에서는 수일 전부터 활동을 개시하야 용정시 내에 있는 은진중학교 교원과 생도 수 명을 검거하여 방금 엄중히 취조 중인데 탐문한 바에 의하면 그들은 상해에 있는 조선 ○○가 ○○와 연락을 취하야 '남경군관학교'에 입학생의 알선 등을 한 것이 탈로 된 모양이라고 한다.

은진중학교에 다니던 송몽규가 본격적으로 독립운동의 길을 걷게 된 것은 중국 중앙육군군관학교 한인특별반에 입학 하면서 부터다. 이 학교가 바로 신문에서 언급된 '남경군관학교'다. 송몽규가 입학한 때가 1935년 4월이므로 아마 그 이후로도 은진중학교 학생들이 비밀리에 입학했고, 그 사실이 그해 12월에 탄로 나면서 관련자들이 검거된 것으로 보인다. 그들을 검거한 기관 역시 용정 일대를 관할하던 간도 일본영사관 경찰서다.

이처럼 간도에 이주한 조선인들은 일본으로부터 끊임없이 탄압을 받았다. 하지만 이것이 전부가 아니었다. 중국 역시도 조선인들에게 호의적이지 않았다. 오히려 중국 정부는 이 지역에 거주하면서 중국인으로 귀화하지 않은 조선인들을 일본 대리자로 취급했다. 중국인들의 일본에 대한 반감이 깊어질수록 간도 조선인들에 대한 반감도 심해졌다. 일제 식민 지배로 고통받는 가운데 중국인들에게는 되레 일본인으로 취급받아 탄압을 받는 모순이 간도 조선인들을 더 힘들게 했다.

한편 현재 용정 인민정부청사 건물 뒤편에는 옛 영사관 시절 지하 감옥이 그대로 보존되어 전시관으로 사용되고 있다. 지금은 시민들이 업무를 보기 위해 자유롭게 드나드는 곳이지만, 서슬 퍼런 그 시절에 이 건물이 어떠한 용도로 쓰였는지를 증언하고 있다.

마약에 단호한 중국 정부

해란강 용문교 바로 옆에 게시물이 하나 붙어 있었다. 내용을 읽지 않았다면 그 옆에 있는 건물이 어떤 곳인지 관심 있게 보지 않았을 것이다. 건물은 연변조선족자치주 중급인민법원이었다. 그리고 게시물은 이 법원에서 최근 집행한 사형 관련 내용을 공고해 둔 것이었다.

> 연변조선족자치주 중급인민법원 포고
> 범죄자 K씨를 사형 집행한데 관하여
> 마약밀수 판매, 총기 소지범 K씨(남자, 조선족, 1962년 7월 10일 출생)
> 2008년 6월 하순, 범죄자 K씨는 룡정시 삼합진 승지촌 동남쪽에 위치한 도문강 중조변경부근에서 경외 마약밀매업자한테서 얼음(신종 마약의 하나로 고체 형체로 된 마약)을 구매한 후 연길에 실어왔으며 그 중 1700그람의 얼음을 범인 R씨, P씨, J씨한테 각기 판매하였다.
> 2008년 7월 3일 새벽, 범죄자 K씨는 도요다표 승용차를 몰고 룡정시 삼합진 승지촌 동남쪽에 위치한 도문강 중조변경부근에 간 후 경외마약밀매업자한테서 1400여 그람의 얼음을 구매한 후 연길시로 되돌아왔다.

중국과 조선(북한) 국경 지대에서 마약을 들여왔다는 내용으로 보아 조선족 K씨가 북한 주민에게 마약을 구매한 것 같다. 국경 인근이다 보니 이런 사건들이 실제 발생하는구나 싶었고, 마약 밀수업자를 사형까지 시킨 것은 조금 과하지 않나 싶기도 했다.

2012년 8월. '中, 한국인 마약사범 사형선고'라는 기사가 난 적이 있다. 이날, 중국 정부가 필로폰 10.3킬로그램을 불법 유통시키려고 한 혐의로 한국인 S씨에게 사형을 선고했다는 내용이다. 사형선고를 내린 법원이 해란강 용문교 옆에 있던 그 연변조선족자치주 중급인민법원이었다.

중국은 온갖 불법 짝퉁 물건이 판을 치는 곳이고, 심지어 가짜 계란과 가짜 호두까지도 만들어 내는 나라이기에 처벌이 강하지 않을 것 같았다. 하지만 의외로 마약에 대해서는 단호하다. 중국 정부는 50그램 이상의 필론폰을 거래하다 적발되면 무기징역은 물론 사형에 처할 수 있도록 하고 있다.

마약에 대한 강력한 처벌 방침은 비단 중국인에게만 국한되지 않는다. 2009년 영국과 중국의 외교 감정이 악화되는 사건이 발생한 적이 있다. 중국 정부가 마약인 헤로인을 소지한 혐의로 사형선고를 내린 영국인의 사형을 집행하겠다고 발표한 것이다. 이에 영국 총리가 자국법과 비교해 과도한 처벌이라며 직접 나서 선처를 호소하기도 했다. 그러나 결국 사형은 집행되었다. 이에 영국 정부가 강하게 비난했고, 중국 정부도 내정간섭을 하지 말라고 맞받아치면서 양국 사이에 묘한 기류가 발생했다.

사실 중국은 마약과 관련해 아픈 역사를 갖고 있다. 더구나 역사 속 상대국도 영국이었다. 18세기 중반 이후 청의 차, 비단, 도자기 등이 유럽 시장에서 큰 인기를 모았고 영국 역시 청에 막대한 양의 은을 지불하고 있었다. 영국은

이 과정에서 무역 적자가 늘자 이를 타결하기 위해 무리한 대응책을 내놓게 된다. 식민지 인도에서 생산한 아편을 청에 수출한 것이다. 그리하여 청의 은이 아편 대금으로 영국으로 흘러들어가게 된다. 그뿐 아니라 아편중독이라는 피해가 청의 심각한 사회 문제로 대두하게 된다. 이에 청 정부는 임칙서를 파견해 아편을 몰수하고 불태워 버린다. 영국이 이를 구실로 일으킨 전쟁이 바로 아편전쟁(1840~1842)이다. 전쟁에서 패한 중국은 강제로 항구를 개항해야 했으며 오랫동안 홍콩을 영국에게 넘겨주었다. 중국에게 아편은 근대화 과정에서 생긴 아픈 상처인 셈이다. 그들이 마약에 대해서는 다소 과하다 싶을 정도로 엄격한 잣대를 적용하는 것도 한편 이해가 되기는 한다.

조선족 사회,
또 하나의 변화

앞서 명동촌 마을을 나설 때 나무에 붙어 있는 안내문이 눈에 띄었다. 한자로만 쓰여 있으면 무심히 지나갔을 터인데, 한글도 함께 표기되어 있어 들여다보았다. '희소식'이라는 제목이 붙었고 한국에 일하러 갈 18~58세 노동자를 구한다는 내용이었다. 노동자를 모집하는 공고문이다. 한국 입국 시험에 떨어진 사람들에게 비자를 발급해 주겠다는 내용도 있다. 게다가 '무담보로 여행 갔다 안 오실 분을 모집합니다'라는 문구가 덧붙은 것으로 보아 아마도 불법 체류를 주선하겠다는 내용인 듯했다.

그러고 보니 우리 주변에서 조선족 근로자들을 만나는 일은 그리 어렵지 않다. 어느 지역에서는 조선족 아주머니를 입주 도우미로 많이들 쓴다는 이야기를 들어 본 적도 있다. 또 분식집에서 김밥을 말던 아주머니도, 음식점에서 북한말 같은 낯선 억양의 말을 쓰며 일하시던 아주머니도 고향이 이곳 근처일 것 같다. 1992년 한중수교가 이뤄진 이후 이미 200만 조선족 중 40만이 한국에 나와 있다고 한다.

조선족들이 운영하는 '길림신문뉴스'라는 인터넷 신문이 있다. 그곳 뉴스를 통해 명동촌의 근래 소식을 알 수 있었다. 2012년 초봄에 쓰인 기사 내용을 보니, 명동촌도 다른 조선족 마을과 같이 (신문 기사 표현 그대로에 따르면) '조선족 류출현상'을 빗겨가지 못했다. 거의 모든 젊은이들이 한국과 연해주, 시내 등으로 빠져나가고 있다고 했다. 한편 윤동주 시인의 생가가 자리 잡은 두 마을엔 젊은이가 실제 40여 명 정도 거주하고 있다고 한다. 그나마 이들 모두 조선족은 아니며 한족들도 함께 거주하고 있다고. 그리고 한국에서 일하다가 마을로 돌아온 조선족들은 비자가 재발급되기를 기다리는 동안 한족 집에서 삯일을 하다가 비자가 나오면 다시 한국에 간다고 했다.

이번 답사를 준비하며 박영희 작가의 《만주의 아이들》이라는 책을 읽었다. 작가는 한국에 건너온 조선족들의 '남겨진 아이들'을 주목했다. 몇년 넘게 엄마를 만나 본 적 없는 만주의 남겨진 아이들은 거의 모두 기숙사 생활을 하고 있었다. 그들은 불안해 했다. 많은 이들이 한국으로 건너가서 조선족 사회는 이혼 그리고 가족 해체 등의 혼란을 겪고 있는 모양이었다. 부모 중 한 사람이 한국으로 건너간 이후 이혼을 하게 되면서 가족 해체를 겪은 조선족 아이들은 과연 한국을 어떻게 생각할까.

개인 문제가 아니라 사회적으로 반복해 나타나는 현상이라면 이를 예방하기 위한 제도적 대안은 없을까. 이곳에 안정된 산업 기반이 마련되어 조선족 동포들이 굳이 한국으로 오지 않아도 된다면 좋겠지만 말이다. 다만 100여 년 전 이 땅에서 조국의 독립을 꿈꾸며 땅을 일궈 온 이들의 후손들에게 '불법체류자' 딱지를 붙인다거나, 가족 해체가 계속되고 있다는 현실이 그저 안타까울 뿐이다.

Manchouli
Dalai
Nor
Hailar

셋째 날.

백두산 천지에 올라서니

한恨을 간직한 영봉靈峰, 백두산

1981년 11월, 모든 신문에서 백두산 천지 모습을 1면에 보도했다. 해방 이후 처음으로 국내에 공개된 것이라 반응은 뜨거웠다. 하지만 당시에 한국인이 백두산에 갈 순 없었다.

영국 옥스퍼드 대학교 던컨 푸어 박사가 백두산 생물권 보존 지역 설정을 위해 현장 조사차 당시 '중공中共'을 거쳐 백두산을 찾았고, 백두산 천지 사진을 공개한 것이다. 이때 기사 제목이 '한恨의 영봉靈峰, 백두산'이었으니 당시 분위기를 짐작할 수 있다. 지금이야 '중공'이 아닌 '중국'을 통해 쉽게 백두산에 갈 수 있지만, 당시만 해도 백두산은 북한 영토이면서 수교가 이루어지지 않은 중공의 일부였다. 가려야 갈 수 없는 곳이었다.

그로부터 4년 뒤인 1985년, 일본 도쿄 대학에 유학 중이던 전 통일원 차관

동훈씨가 한국인으로는 처음으로 백두산을 밟았다. 그는 백두산 정상에 오른 순간을 "이 순간을 표현할 말과 글은 없는 것 같다. 신비 그것이다. 옷깃을 여미고 머리를 숙여 기도드렸다"고 표현했다. 그리고 이어 "저 남쪽은 왜 못 가나"라고 덧붙였다. 우리에게 백두산은 그저 멋진 장관으로 감동을 주는 대상에 그치지 않는다.

한편 백두산과 관련한 신문기사를 뒤적거리다가 뜻밖의 사실도 하나 알았다. 한국인 최초 방문이 이루어진 지 5년 뒤인 1990년 《경향신문》 칼럼에 '나의 여행기'라는 제목의 또 다른 백두산 방문 이야기가 실렸다. 중국과 수교를 한 1992년 이전 방문이니 이 또한 드문 일이다. 필자는 강호동씨였다. 강호동씨는 당시 일양약품 씨름선수단 소속이었고, 중국 연길시에서 열리는 한중 친선씨름대회에 참가하면서 백두산 방문까지 한 모양이었다.

姜鎬童
<씨름선수 천하장사>

<白頭山>

빨로만 들어온 백두산을 오른것은 지난5월15일의 일이었다.

연길시에서 이틀간의 씨름경기를 마친 일양약품씨름단 일행이 백두산을 향해 떠난 것은 5월14일. 비포장도로를 버스로 8시간이나 달리자 '長白山'이라고 쓴 현판을 붙인 큰 문이 나타났다. 바로 백두산 입구였다.

입구에서 약8㎞를 달리자 겨울엔 스키선수, 다른 계절

76일이 비나 눈 그리고 안개 등으로 날이 궂은 백두산이지만 재수가 좋으면 금방 날이 갤수도 있다고했다.

한시간쯤 지났을때 산중턱에서부터 안개가 걷히기 시작하더니 순식간에 장엄한白頭정상이 보였다.

산을 오르기 시작했다. 사실 백두산은 정상인 天池까지 도로가 포장돼있어 지프로 얼마든지 오를수 있고 또 가장 낮은지대인 장백폭포쪽으로 40분이면 걸어서 올라갈수있다. 그러나 그때까지 눈과 얼음이 쌓여 다른 곳으로 돌아가느라고 3시간만에야 天池에 도달했다.

天池는 얼음이 두껍게 덮혀 있었다. 6월중순이라야 파란 물을 볼수있다고했다. 열여섯봉우리 12㎞의 天池주위도 한눈에 널어있었다.

우리가 올라간 쪽으로 절반은 중국영토, 또 반대쪽으로 절반은 북한땅이라는 天池에서 한시간을 머물고 서둘러 하산했지만 동강난 민족의 젖줄을 본 순간부터 기분이 언짢았다.

밤에 [illegible] 장백폭포앞 노천온천에 담그며 피로를 풀었다. 계곡을 따라 흐르는 온천수에선 유황냄새가 물씬 풍겼다.

日氣변화 극심…天池엔 온누리 白雪

엔 귀빈이 묵는 숙소가 나타났다. 우리는 현지 인사들의 배려로 이곳에서 잠을잤지만 일반 관광객들은 산입구에있는 호텔을 이용할 수밖에 없었다.

우리가 묵은 숙소는 해발 1천7백m지점. [illegible] 고산지대였는데 이곳에선 [illegible] 빠지지 않는다고 관리인은말했다.

이튿날 잠을 깨고보니 하늘엔 먹구름이 덮였고 발밑까지 내려온 안개때문에 백두산은 보이지도 않았다. 등산을 포기하고 그냥 내려오려는데 안내를 맡았던 현지인이 조금 기다려보라고 했다.

1년 3백65일가운데 2백

흰눈에쌓인 백두산천지를 뒤에두고 포효하는 천하장사 姜鎬童.

"우리가 올라간 쪽으로 절반은 중국 영토로 반대쪽으로 절반은 북한 땅이라는 천지에서 한 시간을 머물고 서둘러 하산했지만 동강 난 민족의 젖줄을 보는 순간부터 기분이 언짢았다"는 이야기에서 천지를 내려다보면서 그가 느꼈을 복잡한 심경을 엿볼 수 있다.

지프를 타고 날아서 천지에 오르다

최근 백두산과 관련해 가장 뜨거운 뉴스는 이른바 '장백산 문화론'일 것이다. 장백산 문화론은 중국의 역대 왕조가 백두산을 관할해 왔기 때문에 백두산은 중화문명권에 속한다는 논리다. 그렇다면 중국이 지금에서야 백두산을 주목하며 장백산 문화론을 주장하는 이유는 무엇일까? 학계에선 '백두산의 중국화'를 통해 만주에 대한 한반도의 영향력을 차단하고 간도 문제 등 영토 분쟁의 단초를 제거함으로써 남북통일 이후 백두산에 대한 주도권을 장악하려는 목적이라고 분석한다. 이처럼 '현재진행형의 역사'인 백두산에 올랐다.

백두산 천지에 오르는 길은 넷이다. 동서남북 방향에 따라 이름 붙은 길 중, 동쪽에서 오르는 동파는 북한에서 오르는 길이라 이용이 불가능하다. 나머지 세 길은 중국을 통해서 나 있다. 이 중 남쪽에서 오르는 남파는 압록강변을 거슬러 오르는 길인데 길이 좋지 않아 선호도가 떨어진다고 한다. 따라서 서파와 북파를 많이 이용한다.

서파는 고원 지대로 되어 있어 산이나 들꽃을 좋아하는 이들이 가장 선호한다. 그 다음이 장백폭포와 함께 묶어서 가는 북파 코스다. 북파 코스에도 두 종류가 있는데, 그중 하나는 한 시간 정도를 걷는 것이고 나머지는 차를 타고 10분 정도를 달리는 것이다. 걸으면 장백폭포 옆에 만들어진 580여 계단을 올라야 하고, 차를 타면 비탈길을 올라 천문봉까지 도착한다.

우리는 차를 타고 북파를 오르기로 했다. 백두산 천지까지 차를 타고 도착한다고 했다. 바로 코앞까지. 편하기는 하겠지만, 케이블카 타고 산 정상에 오

백두산 북파 입구에는
'장백산'이라고 쓰여 있다

른 사람과 걸어서 오른 사람의 감동이 같지는 않을 터였다. 그러나 지프로 '수월하게' 올라갈 것을 '아쉬워한' 생각은 오산이었다.

지프를 타러 가며 백두산을 보러 온 관광객은 우리나라 사람만 있겠구나 싶었다. 그런데 토요일이라 그런지 매표소 입구에서부터 중국 현지인들이 꽉 들어차 있었다. 최근 들어 백두산에 중국 관광객이 급증했다고 한다.

2003년 중국 정부는 백두산을 '중국 10대 명산' 중 하나로 선정했다. 이후 당국과 관광 업계에서 대대적으로 선전하고 있다고 한다. 매표소 입구에서부터 물밀 듯 밀려오는 현지인들을 보며 지프를 기다리는 시간이 오래 걸리겠다고 짐작했다. 그러나 단지 오래 걸릴 대기 시간만이 문제는 아니었다.

‘ㄹ’자 형태로 된 대기 줄을 따라 현지인들의 새치기가 심했다. 우리 일행은 사이사이에 끼어드는 현지인들 때문에 몇 토막으로 분리되었다. 멀찍이 떨어져 있는 일행과 서로 눈이 마주치면 씁쓸한 미소만 나눌 뿐이었다. 그렇게 꼬박 한 시간 30분을 서 있었다. 앞사람과 조금이라도 틈이 생기면 금세 새치기를 당하기 때문에 팽팽한 긴장감을 유지하며 밀착해 있어야 했다. 급격히 피로해졌다.

이 경험 때문이었을까. 이후 식당이나 화장실에 가서 현지인들과 나란히 줄을 서게 될 때는 더욱 경계하게 되었다.

드디어 기다리던 지프가 도착했다. 정말 반가웠다. 그러나 등받이 위 목 받침대는 없었다. 안전띠도 없었다. 불안해서 문 위에 있는 손잡이를 잡으려 했지만 그마저도 없었다. 폐차 직전 상태였다. 몸을 구겨 넣고 엉덩이를 간신히 붙였다. 차는 전속력으로 달리기 시작했다. 굽이굽이 비탈길을 정신없이 올라갔다. 심한 커브에서는 절로 비명이 터져 나왔다. 맞은편에서 전속력으로 내려오는 지프와 바로 코앞까지 맞닿아 스쳐 지나가기도 했다. 차는 그렇게 10여 분을 정신없이 내달렸다. 드디어 차가 멈춰 섰다. 천문봉 기상대 주차장이었다.

매표소 입구에서 주차장에 도착할 때까지 걸린 시간은 꼬박 두 시간. 아침

천문봉 기상대 주차장

에 숙소를 나설 때만 해도 백두산 천지를 본다는 생각에 설렘이 가득했다. 그러나 치열한 줄서기와 혼을 빼놓는 주행 탓에 지프에서 내렸을 땐 혼미했다. 그저 멍할 뿐이었다. 그때 멀지 않은 곳에서 탄성이 들려왔다. 정신을 차리고 계단이 시작하는 곳에 섰다. 천천히 호흡을 가다듬었다. 그리고 계단에 올라 사람들이 모여 있는 틈으로 얼굴을 내밀었다.

백두산 천지에 서서

백두산 천지에 오를 때 모두가 가장 크게 관심을 갖는 문제는 과연 날씨가 좋아서 천지의 장관을 볼 수 있느냐 없느냐다. 백두산은 9월 중순이 지나면 눈이 덮이고 11월이면 천지도 얼어붙는다. 그러다 보니 6~8월 석 달 동안만 개방하고 그나마도 기상 상태가 자주 변해서 천지가 모습을 오롯이 보여주지 않는다고 한다. 사람들은 백두산은 '백 번 가면 그중 두 번 밖에 볼 수 없는 곳'이라 붙여진 이름이라고 농담 삼아 이야기하기도 한다. 그만큼 맑게 갠 천지를 보기 어렵다는 이야기다.

다행히도 날씨는 좋았다. 그러나 전혀 예상치 못한 복병을 만났다. 시야가 좋은 곳마다 포진하고 서 있는 현지인 사진사들이었다. 천지는 곳곳에 암석이 돌출되어 있어 시야를 가리는 곳이 많았다. 천지의 너른 광경을 제대로 감상할 수 있는 지점이 실제 그리 많지는 않았다. 그런데 그런 곳마다 현지인 사진사들이 돈을 내고 자기네 카메라로 사진을 찍어야 한다고 했다. 가운데 딱 버티고 서서 당최 비켜 주지 않았다. 카메라를 들이대면 노골적으로 렌즈를 손으로 막

기까지 했다. 결국 일행과 함께 강하게 항의했다. 천지까지 올라오는 과정에서부터 우리 역시 약이 바짝 올라 있었으니까. 언어가 다르더라도 표정, 억양에서 전해지는 바가 있을 것이다. 그제야 현지 사진사는 비켜 주었다.

병풍처럼 둘러 있는 산은 씩씩해 보였고 그 안에 담긴 하늘 연못은 고요했다. 천지 물은 맑고 파랬다. 그리고 아무런 미동 없이 잔잔했다. 시간이 멈춘 곳 같았다. 유유히 흘러가는 구름이 물에 비치지 않았더라면 아무런 움직임도 느끼지 못할 곳이었다.

천지의 웅장함에 압도되어 있다가 풍경이 조금 익숙해지고 나니, 어느 봉우리부터 북한 영토인지 궁금해졌다. 또 경계선은 어디부터인지, 맞은편에 군인이 서 있지는 않은지. 우리는 언제까지 남의 땅을 통해서만 이곳에 오를 수 있는지. 결국 천지로 시작했다가 마지막은 건너편 땅을 떠올리게 되었다.

천지를 몇 번이고 눈에 담고, 또 마음에 담으며 돌아섰다. 천지에서 내려가기 위해 계단을 밟았을 때 갑자기 검은 구름과 안개가 몰려왔다. 순식간이었다. 주차장에 거의 다 내려와서 뒤를 돌아봤을 때 천지 부근은 희뿌옇게 변해서 사람을 구분하기도 힘들었다. 온전히 맑게 갠 천지를 만나는 일이 쉽지 않다는 말이 실감 났다.

한편 백두산 천지에서 지프를 타고 내려와 주차장으로 되돌아가는 버스로 갈아탈 때 앞서 줄서기 때와 비슷한 상황이 벌어졌다. 주차장 여기저기 몇 개의 줄이 만들어져 있었다. 비도 부슬부슬 내리기 시작했다. 빗방울이 굵어지고 있어서 여기저기서 웅성웅성하는 분위기였다. 그러다가 버스 두 대가 연달아 도착했다. 버스 문이 열렸다. 이미 빗줄기는 굵어져서 쏟아붓고 있었다. 모두 마음이 급했다. 백두산 전용 버스는 앞문과 뒷문이 나뉘어 있지 않았다. 하나밖에 없는 문으로 사람들이 막 쏟아져 내리기 시작했다. 우리를 비롯한 한국인 관광객들은 양옆으로 나뉘어 그들이 내리기를 기다렸다. 그리고 사람들이 다 내리자 차례차례 올라타기 시작했다. 버스는 이내 출발했다.

버스 차창을 내다봤더니, 같이 도착한 다른 버스 앞은 북새통이었다. 현지인들이 모여 있던 정류장은 이내 내리려는 사람과 오르려는 사람으로 엉겨 있었다. 갑작스레 퍼붓는 소나기에 다들 마음이 더 급해진 모양이지만 우리가 출발할 때까지도 여전히 그들은 비를 흠뻑 맞고 서 있었다.

하늘에서 떨어지는 물줄기,
장백폭포

다음 목적지는 장백폭포였다. 장백폭포로 가는 버스는 천지를 올라가는 지프와 달리 '평화'로웠다. 기름기가 많아 불을 붙였을 때 자작자작 소리를 낸다고 해서 이름 붙여졌다는 자작나무가 길 양쪽에 늘어서 있었다. 그리고 화산재와 화산암이 만들어 낸 주상절리들이 멀리 보였다. 주차장 한쪽에서는 온천수로 삶은 달걀을 팔고 있었다. 백두산이 용암 폭발로 만들어진 산이라는 사실을 새삼 느낄 수 있었다.

장백폭포로 가려면 계곡을 가로질러 세워진 철제 구조물 위를 걸어야 했다. 그 밑에는 초록색 이끼가 낀 얕은 물줄기가 흘렀다. 지하에서 올라오는 온천수였다. 정말 그 물이 뜨거운지 내려가서 한번 만져 보고 싶었지만 나와 같은 마

화산재와 화산암이 만들어 낸 주상절리

온천물이 흐르는 개울

천지를 둘러싸고 있는 봉우리 명칭이 표기된 안내문

음을 이미 실천으로 옮긴 현지인이 관리인에게 쫓겨 올라오는 것을 보면서 아쉬움을 접어야 했다. 그리고 조금 더 걸어가자 굵은 물줄기가 세차게 흘러 내려왔다. 장백폭포에서 흘러나오는 물, 바로 천지에서 흘러나오는 물이었다. 한쪽에서는 온천수가, 그 바로 옆 줄기에서는 찬물이 함께 흘러 내려오는 진풍경이었다.

백두산 천지 안내판을 보면 장백폭포가 어떻게 만들어졌는지 짐작할 수 있다. 오목한 사발에 물이 고여 있고 사발 한 귀퉁이가 깨졌다. 그러면 사발 안의 물은 그 귀퉁이 쪽으로 흘러나온다. 사발이 높은 곳에 있으면 떨어지는 물줄기도 세차다. 깨진 사발의 귀퉁이에서 흘러나오는 물처럼. 천지의 물은 높이 67미터에서 떨어져 내린다. 아파트 20층이 넘는 높이다. 아래에서 위를 올려다보

거대한 물보라를 일으키며 떨어지는 장백폭포. 폭포 오른쪽에 천지 안으로 가는 580여 개의 계단이 있는 구조물이 보인다

면 떨어지는 지점의 뒤편이 보이지 않는다. 그 때문에 안내판에 쓰인 '천수天水' 라는 표현대로 '하늘에서 떨어지는 물'로 착각할 정도다.

화산 폭발로 만들어진 검은 돌과 대조를 이루는 흰색 폭포 물은 물보라를 일으키며 힘차게 떨어졌다. 천지에서 흘러나온 물. 결국 바다가 되는 물의 출발점이다.

손을 모아 물을 마시는 사람, 페트병에 물을 담는 사람, 발을 담갔다가 차가워 놀라는 사람. 제각각 장백폭포와 만나고 있었다. 나는 연신 시계를 들여다보았다. 집합 장소로 가야 할 시간이 다 되었다. 다른 일정을 포기하고 하루 꼬박 이곳에 머물러 있어도 좋겠다 싶었다. 돗자리 펴고 누워 한나절 책 읽고, 뒹굴다가 도시락 까먹고, 심심해지면 다시 폭포를 보면서.

사진으로 담고 또 담고도 아쉬워서, 몇 번이나 뒤돌아보면서 내려왔다. 그러는 사람이 나뿐만은 아니었다. 세차게 떨어지는 물 소리가 점점 작아지는 것을 느끼며 주차장에 도착했다. 그리고 버스는 곧장 여섯 시간을 더 달려 다음 답사지로 이동했다.

Manchouli
Dalai Nor
Hailar

넷째 날.

고구려의 두 번째 수도

국내성 앞 새벽시장

일정이 잘 짜인 관광 상품은 시간 대비 효율적으로 관광지를 둘러볼 수 있다. 하지만 돌아와 남는 것은 각각의 장소를 증명하듯 찍은 사진밖에 없다. 이번 답사도 관광버스를 타고 다니다 보니 현지인들의 삶을 들여다 볼 기회가 많지 않았다. 얼굴을 마주하고 서툰 현지어를 쓰면서 표정으로 대화하며 길을 찾아다니는 여행과는 밀도가 다를 수밖에 없다. 현지 대중교통을 이용하며 다니는 여행은 아니었지만 시장은 꼭 한 번 들르고 싶었다. 시장은 그 나라 음식, 풍토, 삶의 양식 들이 압축되어 있는 살아 있는 생활사 박물관이기 때문이다.

아침에 일어나니 추적추적 비가 내렸다. 전날 백두산을 다녀온데다가 여섯 시간 넘게 차를 타고 밤늦게 숙소로 들어온 터라 자고 일어나도 개운치 않았다. 비까지 내리니 몸은 더 늘어졌다. 창문 밖을 내다보니 뜻밖에도 돌담이 눈에 들

어왔다. 전날 워낙 밤늦게 숙소로 들어왔고 주변이 어두워 숙소 바로 앞에 성벽이 있다는 사실을 미처 알지 못했다. 아파트 담장처럼 낮게 둘러 있는 돌담은 바로 국내성이었다.

그리고 그 앞에 뜻밖의 풍경이 펼쳐졌다. 숙소와 국내성 사이 공간에서 시장이 열리고 있었다. 새벽시장이었다. 넓은 철판 위에 반죽을 올려놓고 전병을 굽는 아주머니, 펄떡거리는 큰 물고기를 그물망에 담기 위해 고군분투하는 상인, 파라솔 아래에서 국수를 먹고 있는 사람들, 엉덩이가 동그랗게 뚫린 바지를 입은 아이를 안고 있는 엄마.

비가 부슬부슬 내리는 여름 새벽시장은 활기가 넘쳤다. 아침 여덟 시가 되자, 시장 상인들도 하나둘씩 철수하기 시작했고 공터에 있던 파라솔도 금세 사라져 버렸다. 국내성 성벽 앞에서 만난 신기루 같은 풍경이었다.

고구려 두 번째 수도 국내성

국내성은 백제 풍납토성의 지금 모습과 많이 닮았다. 도로가 나면서 성벽은 끊겼고 성벽 안으로 아파트와 주택 들이 있었다. 성벽이 아파트 담장처럼 둘러 있는 모양새도 비슷했다.

역사 수업 시간에 4~6세기 중 어느 한 시기의 지도를 그리고, 고구려 · 백제 · 신라 중 어느 나라의 전성기 때인지를 학생들에게 묻곤 한다. 전성기 때를 알 수 있는 기준은 한강을 누가 차지했냐 하는 점이다. 삼국은 한강을 차지하기

국내성 남쪽 성벽.
성벽 안쪽으로 아파트가 들어서 있고 주민들이
돌계단을 넘어 다니고 있었다

도로가 나면서 국내성 성벽 일부가 끊겼다

국내성 고구려의 두 번째 수도, 길림성 집안시 위치. 고구려 시조 주몽이 동가강 유역 졸본에 도읍을 정했으나 2대 유리왕이 집안으로 도읍을 옮겨 국내성을 쌓음. 장수왕 15년(427)에 평양성으로 천도할 때까지 400여 년 동안 고구려의 정치, 경제, 문화 중심지 역할을 함.

위해 치열하게 전투를 벌였는데, 이 지역이 가진 지리적 이점에서 원인을 찾아볼 수 있다. 한강이 자연해자 역할을 해서 적으로부터 침입을 방어하기에 유리하다. 그뿐 아니라 강 주변에 위치해 물고기 같은 식량을 계속 공급받을 수 있으며 퇴적물이 쌓인 비옥한 충적평야에서 농사짓기도 좋았을 것이다. 이와 비슷하게 압록강을 끼고 있는 집안 일대의 국내성이 수도로서 적격인 이유도 주변 환경을 통해서 짐작할 수 있다.

국내성은 고구려의 두 번째 수도다. 고구려 유리왕 때, 수도를 졸본에서 국내성으로 옮긴다. 그리고 다시 장수왕(427)이 평양으로 수도를 옮기기 전까지 400여 년 동안 도성 역할을 한다. 그렇다면 고구려는 무슨 이유로 수도를 졸본에서 국내성으로 옮기게 되었을까.

고구려 두 번째 왕인 유리왕 때 일이다. 《삼국사기》에 따르면 당시 제사를 지낼 돼지가 도망을 가 버렸다고 한다. 그래서 돼지를 쫓아가 보니 산과 강은 험하지만, 땅이 기름져서 오곡이 풍성하고 산짐승과 물고기가 풍부한 곳을 찾게 되었다. 그곳이 바로 이 집안 일대였다. 남쪽으로는 압록강, 서쪽과 북쪽으로는 통구하가 흐르는 분지다. 주변에 강을 끼고 있다 보니 방어에 유리했고 더불어 물고기 같은 식량을 공급받기에도 좋았을 것이다. 또 강가 주변 토지도 비옥해 《삼국사기》에 기록된 것처럼 오곡이 풍성하게 자랐을 것이다.

이에 고구려인들은 이곳에 국내성을 쌓았다. 하지만 현재 국내성 성벽은 도로가 들어서면서 끊겨 버렸다. 그나마 북쪽과 서쪽은 일부가 보존되어 있고, 특히 서벽 남쪽에는 치가 남아 있기 도 하다.

치雉 성벽 중간에 돌출시켜서 만든 건축물. 공격해 오는 적을 정면과 동서 양쪽에서 공격할 수 있어 전투에 유리한 구조물임. 국내성 서벽 남쪽에 치가 남아 있음. 조선 시대 건축물인 수원 화성에서도 치를 찾아볼 수 있음.

주춧돌, 무엇에 쓰는 물건인고

취원빈관이라는 호텔 맞은편에 고구려 유적 공원이 들어서 있다. 원래 집안 인민시청이 자리 잡고 있던 곳인데, 2004년 유네스코에 국내성 인근 고구려 유적이 등재된 것을 기념하기 위해 시청을 이전하고 조성한 공원이라고 한다. 그러나 시청까지 이전하고 야심차게 발굴을 진행했지만, 막상 고구려 유물은 많이 출토되지 않았다고. 그래도 국내성 안에 있는 곳이니 왕궁 터 흔적이 남아 있을 듯하지만 실제 이 공원에 고구려와 관련한 모형이나 유물은 없었다.

그런데 뜻하지 않은 곳에서 고구려 유물인 듯 보이는 것이 눈에 띄었다. 나무 밑동 모양의 의자가 둘러싸고 있고, 테이블 역할을 하는 돌의 모양이 예사롭지 않았다. 바로 주춧돌이다.

주춧돌은 건물 기둥을 받치는 돌이다. 나무 기둥을 땅에 바로 세워 올리면 시간이 지나면서 습기를 먹어 기둥이 약해질 수 있다. 그래서 주춧돌을 놓고 그 위에 나무 기둥을 올린다. 재질이 돌이다 보니 시간이 지나 목조 건물은 불타거나 쓰러져 없어져도 주춧돌만은 남는 경우가 많다. 주춧돌이 있는 곳마다 기둥을 올렸을 테니 기둥 사이 간격으로 건물의 규모도 짐작할 수 있다. 따라서 주춧돌은 배열 간격이나 위치마저도 의미가 있다. 지금은 불타 없어졌지만, 경주

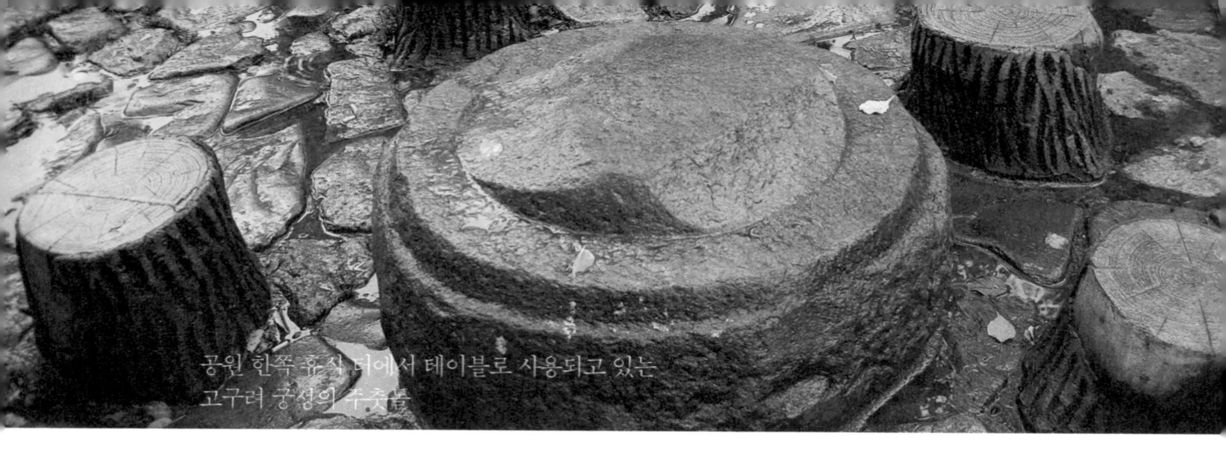
공원 한쪽 휴식 터에서 테이블로 사용되고 있는
고구려 궁성의 주춧돌

황룡사지 목탑 높이가 대략 80여 미터였을 것이라고 추정하는 이유 중 하나도 현재 남아 있는 주춧돌이다.

그런 주춧돌들이 고구려 유적 공원 나무 아래 모여 있다니. 유물이라고 따로 모아서 전시하는 것도 아니었다. 주춧돌 주변에 낮은 의자를 둘러놓은 모양새가 그 곳에 앉아서 주춧돌을 감상하라는 배려는 아닐 것 같다. 1500여 년 전 고구려의 궁성을 떠받치고 있던 돌들은 현재 나들이객의 간식을 받쳐 들고 있었다.

황룡사지 9층 목탑　경상북도 경주 소재. 6세기 선덕왕 때 건립. 부처님의 힘으로 신라 주변의 9개국의 침입을 막는다는 의미에서 9층으로 건립하였음. 70미터에 달하는 높이였을 것으로 추정되나 13세기 몽고 침입 때 소실되어 현재는 탑의 주춧돌만 남아 있음.

압록강 벌등도

국내성 남쪽으로 흐르는 압록강변에 섰다. 고구려 시대에는 도시 내부에 식수와 수산물을 제공하는 강이었겠지만 지금 우리에게는 다른 의미가 있다.

경주 불국사의 주춧돌

주춧돌이 잘 보존된 경주 황룡사지

우리는 압록강 건너편에 가 볼 수 없다. 압록강이 국경이 된 것이다. 그저 하염없이 바라보고 서 있을 뿐이다. 북한이 이렇게나 가까운 데 있었나. 북한을 내려다보는 방향에 서서 압록강을 보는 느낌은 강변북로 둔치에서 한강 남쪽을 내려다보는 느낌이었다. 상상하던 압록강이 아니었다. 이렇게나 가까웠구나. 이 강으로 탈북하는 북한 주민이 있다는 사실이 쉽게 이해가 됐다.

우리가 서 있는 바로 앞에 북한 소유라는 섬이 하나 있었다. 여의도 한강 둔치에 있는 밤섬을 보는 느낌이었다. 벌등도伐登島라 불리는 섬이다. 압록강에서 뗏목을 타고 가던 벌목꾼[伐]들이 섬에 올라서[登] 쉬어 갔다는 이야기에서 이름이 유래했다고 한다. 압록강에 있는 섬 200곳 중 하나인 이 섬이 최근 뉴스에 오르내렸다.

2011년 10월, 북한과 중국이 벌등도 공동개발에 합의했다고 한다. 벌등도에 북한 식당, 예술단 공연장, 토산품 판매점 등을 만들어 유람선을 띄워 둘러볼 수 있게 한다는 내용이다. 집안 지역은 한국 관광객들이 적지 않다. 고구려 유적을 볼 수 있을 뿐 아니라 압록강 건너편으로는 북한을 멀리서나마 볼 수 있기 때문이다. 두 나라가 북한을 관광 대상으로 잡은 걸 보니 아마도 한국 관광객들을 주요 타깃으로 삼은 듯싶다. 북한 입장에서는 개방되는 곳이 본토가 아니

라 섬이기 때문에 북한 주민이나 물자 출입을 통제하기에 편리하다는 점도 긍정적으로 작용했다고 한다. 어쨌든 유람선을 타고 압록강 벌등도를 방문해 북한 음식을 먹고 북한 공연을 관람할 수 있는 날도 조만간 올 듯하다.

비가 쏟아 붓던 환도산성

버스는 환도산성으로 향했다. 고구려의 두 번째 수도는 앞서 살펴본 국내성이다. 그렇다면 환도산성은?

고구려의 성은 평상시에 생활하는 성과 전쟁이 일어났을 때 방어를 위한 산성으로 되어 있다. 국내성은 평시성이고 환도산성은 전쟁에 대비한 산성이다. 환도산성은 국내성 세 배 규모며 국내성에서는 북쪽으로 2.5킬로미터 떨어져 있다.

환도산성 남문 입구에 내렸다. 아침부터 내리던 빗줄기가 점점 굵어지고 있었다. 바람까지 불어 우산 속으로 비가 들이쳤다. 혹시나 해서 준비한 우비도 꺼내 입었다. 버스에서 내려 상수씨의 설명을 듣고 있을 때였다. 갑자기 천둥 번개가 치기 시작했다. 저쪽에서 번쩍하고 빛이 보였다가 몇 초 후에 우르르 쾅 하고 소리가 내리꽂혔다. 넓은 들판 한가운데 우산 하나씩 들고 서 있으니 피뢰침을 들고 서 있는 꼴이었다. 천둥이 치기도 전에 번개 빛이 번쩍하고 보이면 가슴이 조마조마했다. 결국 상수씨는 다들 아쉽긴 하겠지만 번개가 치는 중이니 안전을 위해 돌아가야 할 것 같다고 했다. 그래도 미련이 남으면 개인적으로

환도산성 남문 하단부. 배수를 위한 수구문이 보인다

환도산성 점장대

정비가 완료되지 않아서 성벽 내부가 다 드러나 있다

산성 안에 옥수수 밭과 농가가 자리하고 있다. 건너편 위쪽에는 왕궁 터(사진 속 가운데)가 있다

올라가 보라고 했다. 몇몇 선생님이 올라가기 시작했다. 잠시 망설이다 따라 나섰다.

환도산성 성벽은 아직 정비되지 않은 탓인지 속돌이 다 드러나 있었다. 하지만 그 덕분에 고구려만의 성 쌓는 법을 확인할 수 있었다. 성벽은 겉에서 보면 잘 다듬어진 돌로 덮여 있지만 실상 안쪽은 그렇지 않다. 길고 납작한 돌들을 쌓아 올렸는데 서로 끝을 맞물려서 힘을 받을 수 있게 했다. 그러고 나서 앞부분에는 치아 모양의 쐐기돌을 끼워서 막는다. 환도산성의 윗벽은 그 쐐기돌들이 사라지고 없어 쐐기돌 자리 뒤쪽으로 자갈돌이 쌓여 있는 모습이 그대로 노출되어 있었다.

길을 따라 성 안으로 들어가니 성에서 전투를 지휘하는 곳인 점장대가 나왔다. 설명에는 이곳에 올라서면 국내성과 압록강까지 내려다보인다고 되어 있었다. 그러나 세찬 비와 안개 탓에 멀리까지 내다보이지는 않았다. 점장대 바로 옆에는 나무 조망대가 별도로 만들어져 있었다. 점장대와 같은 높이에서 앞을 조망할 수 있게 한 것이다. 점장대의 역할을 다시 한 번 생각할 수 있도록 한 배려였다. 한편 바로 뒤 공터에는 병졸들이 살던 주거지 터라는 안내문이 세워져 있었다. 이 점장대에 서서 보초를 서던 병사들의 숙소가 있었을 것이다.

현재 성 안엔 옥수수가 가득 심어져 있고 드문드문 민가도 있었다. 국내성의 세 배나 되는 면적이니 버려져 있던 성터에 사람들이 들어가 살기 시작했을 것이고 성을 정비한다며 그들을 다른 곳으로 이주시키지는 못한 듯싶다. 옥수수 밭 건너편 높은 지대는 농작물 없이 평평하게 다듬어졌고 나무 계단이 설치되어 있었다. 왕궁 터라는 생각에 가 보고 싶었지만, 비가 너무 거셌고 차 안에서 기다리고 있을 다른 일행을 생각해서 서둘러 내려올 수밖에 없었다.

광개토대왕릉비와 신묘년 논쟁

우리는 유물과 유적을 이용해 역사를 추정한다. 그중 당대의 역사를 가장 정확하게 알려 주는 하나가 바로 '금석문', 비석에 새긴 글이다. 종이에 쓴 책에 비해 후대에 조작되거나 편집될 우려가 없는데다가, 기념할 만한 중요한 사안이 발생했을 때 비교적 빨리 만들다 보니 당시 상황이 잘 담기게 된다. 또 비석은 새겨진 글뿐 아니라, 세워진 위치로도 많은 이야기를 들려준다.

이런 금석문 중 가장 중요한 위상을 차지하고 있는 것이 바로 광개토대왕릉비 비문이다. 그러면서도 우리 역사상 광개토대왕릉비만큼 많은 사연을 담고 있는 비석도 없을 것 같다.

1883년 일본군 중위 사케오 가케노부는 만주 지역 정보 수집을 하던 중 탁본 하나를 입수한다. 바로 광개토대왕릉비 탁본이다. 그는 이 사실을 일본에 보고했고 일본군 참모본부는 해독 작업에 들어간다. 그리고 5년 뒤에 '고구려 고비고高句麗古碑考'라는 글을 발표하면서 비석의 존재가 세상에 공개된다. 이때부터 논란이 된 문장이 소위 말하는 신묘년辛卯年(391) 기사다.

而倭以辛卯年來渡破百殘□□□羅以爲臣民

띄어쓰기가 되어 있지 않다 보니 문장을 어디서 끊어 읽느냐에 따라, 또 문장의 주어를 누구로 볼 것이냐에 따라 해석은 완전히 달라진다.

일본은 '來渡'라는 동사의 주어를 일본[倭]으로 삼아 '왜가 신묘년에 바다를

보호 전각 속에 들어 있는 광개토대왕릉비

실내 사진 촬영은 금지되어 있다

1900년경 광개토대왕릉비

건너와서 백제와 신라를 공격해 신민臣民으로 삼았다'고 주장했다. 그러나 우리는 비석을 세운 주체가 고구려인이므로 생략된 주어는 고구려인 또는 광개토대왕으로 보는 것이 옳다고 해석했다. 그런 기준에 따르면 '왜가 신묘년에 바다를 건너왔기 때문에, 고구려(또는 광개토대왕)가 바다를 건너 백제(또는 왜)를 격퇴시키고 신라를 신민으로 삼았다'는 해석이 가능하다.

한편 1972년에는 재일교포 사학자 이진희가 비석 글자가 조작되었다고 주장하기도 했다. 변형으로 의심되는 석회가 덧씌워져 있다는 것이다. 그러나 이 견해에 대해서는 탁본을 잘 뜨기 위해 비석 표면의 이끼를 제거하는 과정에서 비석 면 일부가 탈락한 것으로 정리되었다. 어쨌든 조작설까지 나왔다는 사실은 그만큼 비석이 한국과 일본 모두에게 중요하다는 사실을 역설적으로 보여준다.

광개토대왕릉비(중국 표기로는 호태왕비)는 유리 전각에 들어 있다. 비문의 마모를 막기 위한 어쩔 수 없는 선택이겠지만, 너른 벌판에 높다랗게 서 있었을 원래의 모습을 떠올리기는 쉽지 않았다. 멀리 떨어진 곳에서도 한눈에 알아볼 만한 웅장함이 아쉬웠다.

광개토대왕릉비 광개토대왕 사후 2년(414)에 아들 장수왕이 세운 비석. 비문의 내용은 크게 세 부분으로 구성되어 있음. 서두에는 추모(주몽)의 출생담과 개국 전설, 대무신왕으로부터 광개토대왕의 약력과 비석의 건립경위가 기록되어 있고, 본문에는 광개토대왕의 영토 확장 사업 내용이 그리고 마지막으로 광개토대왕의 무덤을 수호하고 관리하는 수묘인 수와 관련법이 기록되어 있음. '당시에' 고구려인들이 '직접' 남긴 기록인 만큼 비문의 내용은 중요한 기록 자료가 됨.

전각 속에 비좁게 자리하고 있는 비석이지만 압도적이었다. 6.39미터라고 하니 어른 키의 세 배가 훌쩍 넘는다. 일반 비석처럼 직육면체로 다듬어진 돌이 아니라 상부가 더 크게 생긴 자연석을 다듬지 않고 네 면 그대로 가득히 글씨를 새겼다.

전각 안으로 들어가니 중국 안내인이 이미 와 있는 현지 관광객에게 설명을 하고 있었다. 일행 중 한 사람이 사진기를 꺼내 드니 날카로운 목소리로 '촬.영.금.지'라고 외쳤다. 한국말을 할 줄 아는 것 같지는 않은데, 이 말만큼은 정확히 알고 있는 듯했다. 그 기세에 눌려 모두 카메라를 집어넣었다. 플래시만 사용하지 않는다면 비석에 심한 손상이 가지 않을 텐데, 내부 촬영을 금지하고 있었다.

건물 각층마다 다양한 각도에서 감상할 수 있도록 한 국립중앙박물관 내 경천사 10층 석탑

전각 내부 사진 촬영을 금지시킨다면 눈으로라도 그 비석을 온전히 감상할 수 있도록 해야 할 텐데 이마저도 못 하니 아쉬움이 컸다. 비석 높이에 비해 전각 내부를 너무 좁게 만들어 비석을 바로 밑에서 올려다봐야 했다. 전체를 조망하기가 어려웠다. 비석을 보호하기 위해 전각을 세워야 한다면 비석 높이만큼 위쪽 부분도 볼 수 있도록 만들었으면 어땠을까.

국립중앙박물관 실내에 자리 잡고 있는 경천사 10층 석탑이 좋은 예가 될 것 같다. 1, 2, 3층의 삼면에서 각각 탑을 볼 수 있는데 층마다 보이는 높이와 방향도 다르다. 탑을 올려다보기만 할 때와는 분명 느낌이 다르다. 이왕 전각으로 보호하려 했다면 광개토대왕릉비도 이처럼 2층 구조물 안에 넣어서 윗부분까지 감상할 수 있었으면 좋지 않을까.

비석을 둘러본 다음, 일행과 함께 소위 '신묘년辛卯年 기사'가 새겨진 부분을

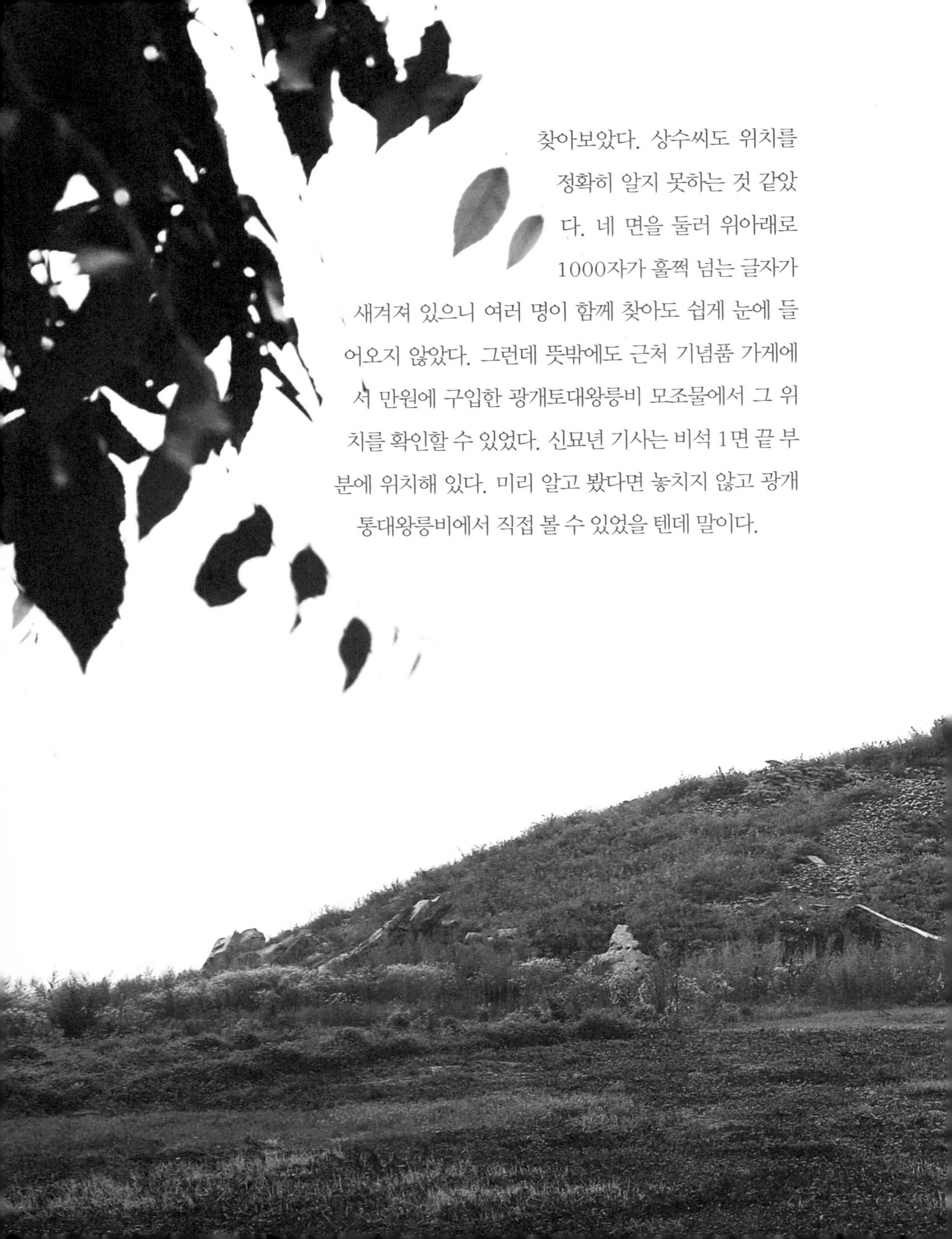

찾아보았다. 상수씨도 위치를 정확히 알지 못하는 것 같았다. 네 면을 둘러 위아래로 1000자가 훌쩍 넘는 글자가 새겨져 있으니 여러 명이 함께 찾아도 쉽게 눈에 들어오지 않았다. 그런데 뜻밖에도 근처 기념품 가게에서 만원에 구입한 광개토대왕릉비 모조물에서 그 위치를 확인할 수 있었다. 신묘년 기사는 비석 1면 끝 부분에 위치해 있다. 미리 알고 봤다면 놓치지 않고 광개토대왕릉비에서 직접 볼 수 있었을 텐데 말이다.

태왕릉의 주인

광개토대왕릉비에서 서남쪽으로 조금 떨어진 곳에 작은 언덕만한 능이 하나 있다. 이 능을 발굴할 당시에 무너져 내린 돌무지 속에서 벽돌이 하나 나왔다고 한다. 벽돌에는 '태왕릉이 산처럼 안정되고 언덕처럼 굳건하기를 바란다[願太王陵安如山固如岳]'는 글귀

무덤 이름을 '태왕릉'이라 부르는 계기가 된, 무너진 돌무지 속에서 발견된 벽돌. 국립중앙박물관 소장

태왕릉에서 발굴된 청동방울. 중국 국가문물국 소장

가 새겨져 있었다. 이후 이 무덤은 '태왕릉'이라 불리게 되었다.

그러나 그간 무덤의 주인인 태왕太王이 누군지에 대해선 다양한 해석이 존재해 왔다. 중국 학자들은 태왕릉이 광개토대왕릉비에서 서남쪽으로 불과 200미터밖에 떨어지지 않은 왕릉급 무덤이기 때문에 주인을 광개토대왕이라고 보았다. 그러나 한국과 일본의 몇몇 학자는 광개토대왕이라 단정 짓기 어렵다는 견해를 보여 왔다. 태왕이라는 호칭이 광개토대왕 말고도 여러 왕에게 쓰였기 때문이다. 또 비석은 무덤 앞에 세워지는 게 일반적인데 광개토대왕릉비가 태왕릉 뒤편에 세워져 있는 것도 이해하기 어렵다는 주장이었다.

그러다가 논란에 종지부를 찍는 사건이 발생했다. 2004년 중국이 집안 고구려 유적을 유네스코에 등재하기 위해 대대적인 정비 작업을 벌이다가 중요한 유물 하나를 추가로 발견하게 된 것이다. 태왕릉 발굴이 일찌감치 끝났는데도 유물이 추가로 발굴된 건 유물이 무덤과는 떨어진 곳에 있었기 때문이다. 이에 대해 관련 박물관 직원은 아마도 도굴꾼이 도굴을 했다가 나중에 가져가려고 잠시 묻어두었기 때문일 거라고 설명했다.

추가로 발굴된 유물은 청동방울이었다. 청동방울은 앞서 이야기한 '신묘년 논쟁'의 중요한 입증 자료가 되었다. 청동방울에 바로 '신묘년辛卯年'과 '호태왕好太王'이 함께 적혀 있었기 때문이다. '신묘년 호태왕이 96번째 방울을 제조했다[辛卯年好大王ㅁ造鈴九十六]'. 신묘년은 앞서 광개토대왕릉비에서 나온 표현이다. 이를 두고 학계에선 "고대 사회에서 무당의 방울은 중요한 의미를 가지므로 신묘년에 이것을 만들었다는 데서 그해에 기념할 만한 중요한 일이 있었음을 추정할 수 있"고, "기념할 만한 일은 고구려가 백제와 신라를 굴복시킨 것일 수 있다"고 설명한다. 이로써 무덤의 주인인 호태왕이 광개토대왕임이 명확해졌고, 일본이 한반도 남부 일대를 정복했다는 주장을 반박할 수 있는 하나의 근거가 된 것이다. 글자가 새겨진 방울 하나가 여러 가지를 밝혀내는 중요한 근거가 되었다.

언덕같이 굳건하기를, 광개토대왕릉

광개토대왕릉(중국 표기로는 호태왕릉)은 현재 기단석은 무너지고 안을 채우던 돌들도 흩어져 있다. 게다가 능 사이로 풀들이 자라 있어 얼핏 작은 언덕처럼 보인다. 그래서 사실 왕릉이라 하기에는 다소 초라해 보이기도 한다. 하지만 밑변의 길이가 장군총 두 배에 이른다. 규모로는 '동방의 피라미드'라 불리는 장군총을 능가하는 셈이다.

기단이 쓰러져 있는 각도를 보니 무덤 중앙에서 힘이 가해져서 돌들이 바깥쪽으로 들려 있는 모양이다. 기단석은 밑돌의 가장자리를 남겨 두고 나머지 부분에 홈을 내고 윗돌을 맞물려서 올리는 홈파기 기법이 사용되었다.

잡초가 무성한 광개토대왕릉엔 철제 계단이 놓여 있어 관이 있는 널방을 들여다볼 수 있었다. 광개토대왕릉은 8층인데 널방은 8층에 위치했다.

널방의 입구는 광개토대왕릉 전체 크기에 비해 상당히 작았다. 너비와 높이는 채 1미터가 되지 않는 듯했고, 왕과 왕비의 것으로 보이는 관대 두 개가 놓여 있었다. 입구는 관리인이 지키고 있었고, 내부 사진 촬영은 안 된다고 했다. 그러나 사실 널방 내부의 모습보다는 그 앞에 앉아 온종일 무덤을 지키고 있는 그의 모습을 사진에 담고 싶었다. 천년의 시간을 지나 묘를 지키고 있는 그는 '21세기 수묘인'이니까.

광개토대왕릉 꼭대기에 올라 밑을 내려다보니 능을 메운 돌들이 한눈에 들어왔다. 서북쪽 방향으로는 빨간 지붕 마을이 보였다. 2004년 유네스코에 등재되어 정비되기 전까지는 태왕릉 근처까지 마을이 자리 잡고 있었으리라 짐작할 수 있었다. 실제로 광개토대왕릉 북쪽 방향에 전시관이라고 해서 파란색 건물이 하나 자리하고 있는데, 지금은 폐교가 된 태양향 조선족 소학교 건물이었다고 한다. 이 학교 아이들은 광개토대왕릉과 비석을 학교 운동장의 일부로 삼아 매일 보며 자랐을 것이다.

전시관으로 발걸음을 돌렸다. 전시관이라고 하지만, 교실이었을 공간 두 곳 중 하나만 운영되고 있었고 별도의 관리인도 없었다. 그나마 전시물이라고는 광개토대왕릉비의 이전 모습이 담긴 사진과 탁본 몇 장뿐이었다. 전시관이라 이름

광개토대왕릉 널방

광개토대왕릉은 밑돌의 가장자리를 남겨 두고 나머지 부분에 홈을 파서 윗돌을 맞물려 올리는 홈파기 기법으로 만들어졌다

붙이기도 민망한 시설이었지만 광개토대왕릉비 주변에 세워진 전각들의 변천 과정과 탁본이 되어 있는 또렷한 광개토대왕릉비 글씨를 확인할 수 있다.

장군총을 찾아서

광개토대왕릉에서 다시 광개토대왕릉비 쪽으로 걸어 나와서 버스에 올랐다. 버스를 타고 5분 정도 이동해 장군총에 도착했다. 무덤 뒤에 붙는 '총塚' 자는 무덤의 주인을 정확히 알 수 없을 때 붙인다. 장군총 내부 유물은 이미 도굴되고 없었고 호태왕릉과 마찬가지로 무덤의 주인이 누구인지에 대한 의견이 분분했다.

한때 장군총의 주인을 광개토대왕으로 추정하기도 했다. 보존 상태가 좋을 뿐더러 온전히 남아 있는 무덤 중에 규모가 가장 컸기 때문이다. 따라서 고구려 전성기 때 왕의 무덤이 아니겠느냐고 생각한 것이다. 그러나 광개토대왕 무덤이라 하기에는 광개토대왕릉비와 거리가 제법 떨어져 있다는 의문이 남는다.

그러던 차에 태왕릉에서 '신묘년' 명문이 새겨진 청동방울이 발견되면서 태왕릉 주인이 광개토대왕이라는 것이 명확해졌고, 이에 따라 남은 장군총은 자연스레 장수왕 무덤으로 여겨졌다. 그런데 의문이 하나 남는다. 장수왕은 수도를 평양성으로 옮겼는데 무덤은 왜 이곳에 있을까. 이에 대해 전문가들은 '매장 시점'이 아니라 '왕릉 조성 시기'를 들어 설명한다. 왕릉 건설은 왕이 죽기 직전에 시작되는 것이 아니라 살아 있을 때 오랜 기간에 걸쳐 조성되기 때문에 장수왕이 수도를 옮기기 이전부터 조성한 이 무덤으로 돌아와 매장되었을 것이라

추측하는 것이다.

1500년을 넘는 시간 동안 이렇게 큰 무덤이 무너지지 않고 유지될 수 있던 이유는 무엇일까. 고구려만의 건축 기법에서 그 해답을 찾을 수 있다.

태왕릉에서 이미 살펴본 '홈파기 기법'이 한 이유다. 테트리스 게임과 비슷하다. 밑돌의 끝 부분을 파서 윗돌을 끼워 맞추면 윗돌에 의해 밑돌이 밀려 무너지지 않는다.

또 우리나라에서만 발견되는 건축기법 중 하나인 '그렝이 기법'이 있다. 그렝이 기법이란 밑돌을 다듬지 않고 그대로 사용하면서 밑돌의 윗부분 모양 그대로 윗돌 아랫부분을 깎아서 맞물리는 방식이다. 이 기법은 경주 불국사 석축에서도 찾아볼 수 있다. 유홍준 교수가 《나의 문화 유산 답사기》에서 불국사 석축을 소개하기도 했다. 신라인들 역시 그렝이 기법을 사용했는데, 이 기법은 경주 인근의 잦은 지진에도 불구하고 석축이 잘 버틸 수 있는 중요한 요인이 되었다. 마찬가지로 장군총의 그렝이 기법 역시 오랜 세월, 장군총이 온전히 모습을 유지하는 요인이 되었을 것이다.

마지막으로 장군총을 둘러서 세워져 있는 커다란 돌에 주목해야 한다. 장군총의 계단 모습만큼이나 눈길을 끄는 것이 바로 각 면에 세 개씩 둘러 있는 호석이다. 그중 북쪽 방향 하나는 유실된 듯 현재는 열하나만 남아 있다. 거대한 크기의 호석 용도에 대해서는 여러 주장이 있다. 가이드 상수씨는 12지신을 상징한다고 설명했으나 기단이 밀리는 것을 방지하기 위한 목적이라는 견해가 일반적이다. 기단석 속에 작은 자갈들을 넣는데, 이렇게 하면 바깥으로 밀리려는 장력이 작용하기 때문에 호석으로 반대 방향으로 밀어서 붕괴를 막고자 했다고 본다. 호석이 무덤 주위에 세워져 둘러 있는 게 아니라 무덤을 누르면서 기울여

'동방의 피라미드'라 불리는 장군총.
사진 속 왼쪽 사람들과 비교하면 무덤 크기를 짐작할 수 있다.

1 장군총의 홈파기 기법

2 장군총의 그렝이 기법. 밑단의 자연석(사진 하단) 그대로 윗돌의 하단을 깎아서 끼워 맞췄다

3 백제 석촌동 고분 호석

4 그렝이 기법이 사용된 불국사 석축

5 고구려 장군총 호석

1	2
3	4
5	

져 놓여 있는 것도 같은 이유일 듯싶다. 가장 작은 호석의 무게만 해도 12톤이 넘는다고 한다. 한편 고구려 장군총의 영향을 받은 백제 석촌동 고분에서도 앙증맞은 크기의 호석을 확인할 수 있다.

책 속에서 처음 장군총 사진을 봤을 때 가장 인상 깊었던 것이 바로 크기였다. 무덤 위에 올라가 있는 사람들이 정말 작게 보였다. 그때 사진이 무척 인상적이어서 당연히 장군총을 직접 올라가 볼 수 있을 것으로 생각했다. 장군총 북쪽 면에 철제 계단이 설치되어 있기는 했다. 하지만 현재는 출입 통제 안내문이 붙어 있고 CCTV가 설치되어 있었다.

그렝이 기법을 더 자세히 확인해 보고 싶었다. 사실 그렝이 기법이 가장 잘 드러나는 부분은 무덤 중간층이라고 한다. 또한 무덤 꼭대기 덮개돌에 뚫려 있다는 구멍도 가까이서 확인해 보고 싶었다. 서길수 교수에 따르면 덮개돌 가장자리에는 20여 개의 구멍이 일정한 간격으로 뚫려 있는데다가 기와 파편이 발견되기도 해서 그 구멍에 기둥을 올려 목조 건물을 만들었을 것으로 추정된다고 했다. 용도가 정확히 밝혀져 있지는 않다 하더라도 일정한 간격으로 구멍을 뚫어 놓았다면 어떠한 의도가 있을 텐데, 직접 올라가서 확인해 볼 수 없으니 아쉬움만 남을 뿐이다. 무덤을 잘 보존하기 위해 출입을 통제한 것은 알지만 불과 몇년 전 직접 올라 확인해 볼 수 있던 이들이 부러울 따름이다.

호석護石 무덤을 보호하기 위해 만든 구조물. 광개토대왕릉은 동서남북 네 면에 각각 세 개씩 둘려 있는데 이 중 하나는 유실되어 총 열한 개가 남아 있음. 호석의 설치 목적은 처음에는 무덤을 보호하는 기능적인 면이 강했으나 점차 장식적인 측면으로 바뀌기도 함.

장군총 북쪽 뒤편으로 고인돌처럼 생긴 무덤 한 기가 보였다. '딸린무덤'이라

1 장군총 배총

2 배총 덮개돌 하단부에 둘러서 파여 있는 홈

3 장군총엔 직접 올라가 볼 수 있는 철제 계단이 설치되어 있지만, 출입통제 안내문이 붙어 있다

4 꼭대기 부분에 구멍이 뚫려 있는 것이 보인다

1	2
3	4

는 뜻으로 '배총陪塚'이라 불린다. 기단 위에 고인돌이 얹혀 있는 것처럼 보이지만 덮개돌과 그 주변부 기단석이 유실되면서 고구려 고분 전형의 돌무지무덤 구조를 그대로 보여 준다. 원래 배총을 포함해 다섯 기가 있었다는데 현재는 한 기만 남았다. 이 배총은 왕비나 후궁, 또는 장군의 무덤으로 추정된다.

한편 덮개돌에 해당하는 돌 하단에는 빙 둘러서 홈이 파여 있다. 우리는 홈을 파놓은 의도가 무엇인지 함께 고민해 봤다. 상수씨에게 물으니 빙그레 웃기만 했다. 누군가의 추측에서 정답이 나왔다. 덮개돌 하단부에 홈을 판 것은 빗물이 덮개돌을 타고 안쪽으로 침투하는 것을 방지하기 위한 것으로 추정된다고. 처마의 역할을 해 낙수 효과를 노린 것이다.

고구려 고분 벽화, 5회분 5호묘

국내에 유일하게 남아 있는 고구려 고분 벽화가 있다. 정확히 말하면 벽화 조각이다. 고구려의 수도가 지금의 중국과 북한 땅에 위치해 있기 때문에 국내에 남아 있는 고구려 관련 유적은 드물다. 왕들의 무덤이야 말할 것도 없다. 그런데 어째서 고구려 벽화 조각이 국내에 남아 있는 걸까.

1910년 평안남도 남포시 용강군에서 쌍영총이 발견된다. 발견 당시 이미 도굴을 많이 당한 상태였고 벽화를 떼어 가져가면서 남은 조각이 떨어져 있기도 했다고 한다. 그 조각 중 하나를 일제강점기 때 조선총독부 박물관에 가져다 전시를 했고 지금까지 남아 있게 되었다고. 비록 작은 조각이지만, 이를 통해

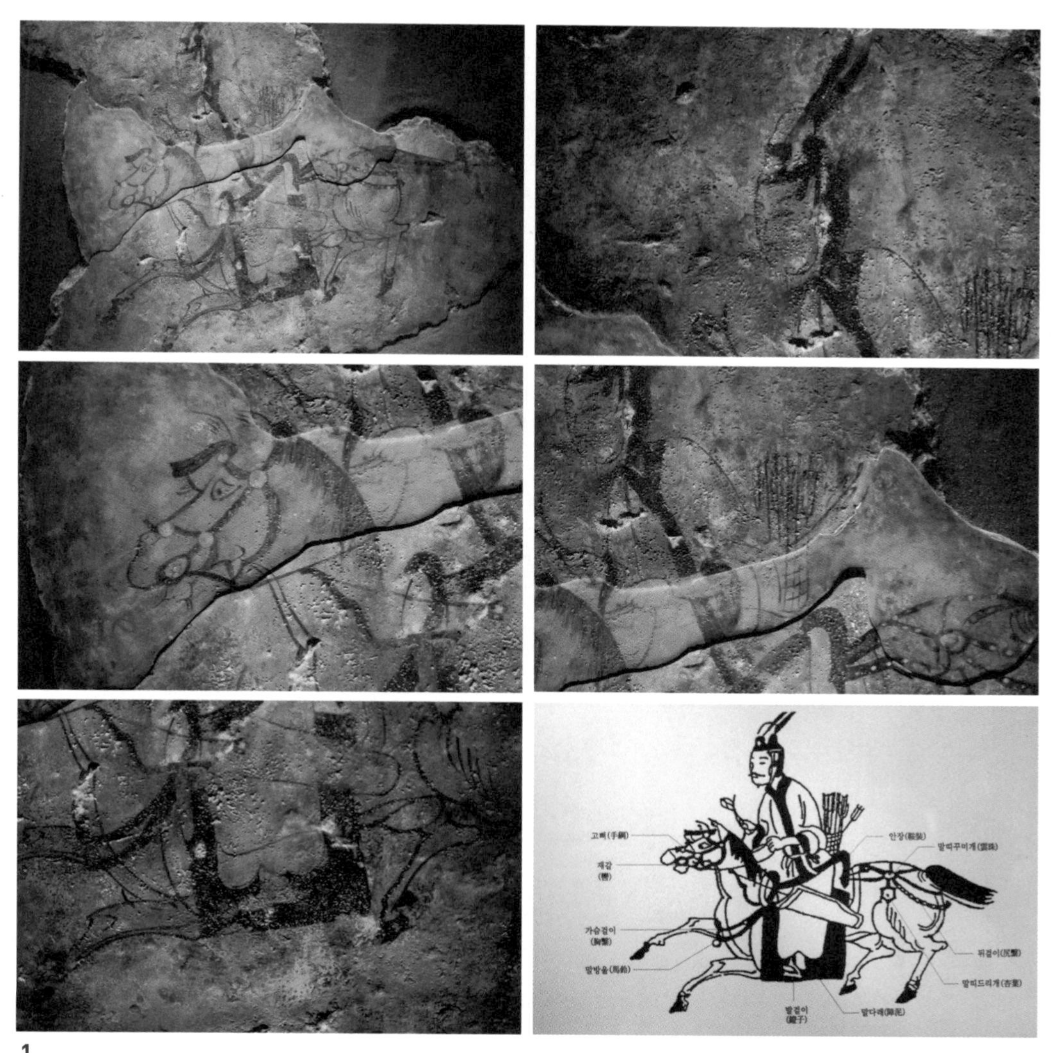

1 쌍영총 기마도 벽화 조각. 국립중앙박물관 소장

2 깃털이 달린 모자 '조우관'

3 말에 씌운 재갈과 고삐

4 허리에 차고 있는 화살통

5 말 안장과 발걸이인 등자

6 벽화를 바탕으로 정리한 말 장식 명칭. 국립중앙박물관

1	2
3	4
5	6

고구려 고분 벽화의 특징은 물론 말을 타고 있는 그림을 통해 고구려인들의 말 장식 고증 자료를 얻을 수 있다. 조각 하나로도 이러할진대 고분에 직접 들어가서 전체 모습을 볼 수 있다면 얼마나 감격스러울지.

이번 답사 코스에 고구려 고분이 포함되어 있었다. 고분 벽화를 직접 볼 수 있으리라는 기대가 컸다. 이왕이면 익숙하게 들어온 무용총이나 각저총 벽화를 직접 볼 수 있으면 좋으련만, 일반에게 공개된 것은 5회분 5호묘 하나뿐이라 그것에만 들어가 볼 수 있었다.

5회분五盔墳이란 다섯 무덤이 투구를 엎은 것처럼 나란히 자리한 데서 붙은 이름이다. 어떤 책에서는 '다섯투구무덤'이라고 소개하기도 한다. 그중 5호묘라 이름 붙은 무덤만이 유일하게 공식적으로 일반인 내부 관람이 허용되고 있다. 그리고 관람 인원을 통제하는 탓에 현지 안내원의 인솔에 따라 몇 명씩 나눠 들어가야 했다.

무덤으로 들어가는 길은 무척 어두웠다. 동굴 속처럼 축축하고 서늘했다. 벽에서는 물기가 뚝뚝 흘렀다. 이렇게 습한 환경이 고분 내 벽화를 손상시키지는 않을까 하는 생각이 들었다. 조명 불빛은 거의 없었으며 무덤 내부는 입구에서 현지 안내원이 상수씨에게 건네준 손전등 하나로만 살펴볼 수 있었다. 석실 내부에 들어와 다들 자리 잡고 섰다. 일행 30여 명이 들어가니 꽉 찼다. 컴컴한 공간에 다들 옹기종기 모여 섰는데, 자리를 잡고 나서 내려다보니 관이 놓여

쌍영총雙楹塚 평안남도 남포시 용강군에 소재한 고구려 고분. 무덤 내부는 앞방과 널방의 두 공간으로 이루어져 있는데 이 공간 사이에 두 개[雙]의 기둥[楹]이 세워져 있어 쌍영총이라 함. 1910년 발견 당시 이미 도굴로 심하게 훼손된 상태였음. 한편 쌍영총 공양행렬도는 불교가 고구려 귀족 사회에 어떤 영향을 미치고 있었는지를 짐작하게 하는 귀한 자료가 됨.

있던 자리인 관대를 밟고 서 있었다.

상수씨가 작은 손전등으로 방향을 바꾸며 여기저기를 비추기 시작했다. 그때마다 연이어 탄성이 터져 나왔다. 캄캄한 무대에서 오롯이 스포트라이트 조명만이 무대 위 주인공을 비추듯이 손전등 불빛에 1500년을 넘게 원색을 간직해 온 그림들이 모습을 드러냈다.

옆면에는 각 방향마다 사신도가 그려져 있었다. 동쪽의 청룡과 서쪽의 백호가 그려져 있었고, 북쪽의 현무는 뱀과 거북이 엉켜 있었다. 입구가 있어 남쪽 벽은 둘로 갈렸는데 주작 두 마리가 그려져 있었다. 그리고 천장에는 해와 달과 별, 각종 신 들이 그려져 있었다. 이야기를 담고 있는 듯 그림은 역동적이고 서사적이었다. 바퀴를 잘 만들던 고구려인들의 모습을 보여 주는 수레바퀴의 신, 쇳덩이를 망치질하는 제철의 신, 횃불을 들고 날아가는 불의 신 등을 볼 수 있었다.

그런데 난 왜 매끈한 벽에 페인트칠한 듯 벽화가 그려져 있을 거라고 생각했을까. 무덤 속 벽화는 울퉁불퉁한 화강암 위에 그려져 있었다. 투박한 질감이 느껴졌다. 습한 곳인데도 색깔은 그대로 잘 남아 있었다. 〈역사스페셜〉 방송에 따르면 붉은색은 '황화수은'이라는 광물로, 검정색은 탄소 성분인 먹으로 그려졌다고 한다. 물에 녹지 않는 천연 광물성 재료이기 때문에 천년을 넘어 채색이 번지지 않고 벽화가 잘 보존될 수 있었다고.

갑자기 사라진 고구려 벽화 문화

흔히 '고구려 고분 미술의 꽃'은 벽화라고 한다. 사람들은 왜 무덤 속에 그림을 그리기 시작했을까. 벽화는 죽은 자를 위해 그린 그림이다. 고대에는 권력자가 죽으면 시중들던 이들까지도 묻는 순장이라는 풍습이 있었다. 그러다가 시간이 지나면서 다른 방법을 고민하게 되었다. 시중들던 이들을 직접 땅속에 묻는 대신 그들의 모습을 무덤 벽면에 그려 넣기 시작한다. 더불어 죽은 자가 누리고 싶어 하던 삶과 풍습까지 더해졌다.

이에 학자들은 "고구려 고분 벽화의 주제를 크게 생활풍속, 장식무늬, 사신四神으로 나누어 볼 수 있으며 각 주제는 무덤 조성 시기와 벽화 제작 시기를 추정하는 기준이 된다"고 설명한다. 그러므로 "초기 1기에 해당하는 3세기 말에서 5세기 초에는 무덤에 매장된 이의 초상화가 뚜렷하게 나타나고 더불어 생활풍속이 그려져 있다. 그러다가 2기에는 초상화가 사라지고 연꽃, 비천상, 승려 모습이 나타나기 시작한다. 이 무렵 고구려에서 불교가 크게 유행해 불교적 요소가 나타나는 것이다. 마지막으로 3기에는 6세기 중엽 이후부터 여러 칸이이던 무덤이 'ㅁ'자형의 한 칸으로 변하고 영혼의 세계를 추상적으로 장식하게 된다고 했다. 그리고 결론은 사신도"라고 설명한다.

사신도四神圖 도교의 방위신을 표현한 그림으로 주로 고구려 고분에 그려져 있음. 동, 서, 남, 북의 방위마다 각각 청룡, 백호, 주작, 현무가 그려져 있음. 이들이 죽은 자의 사후 세계를 지켜준다고 믿었음.

우리가 관람한 집안 5회분은 사신도가 주제인 3기에 해당하는 고분이다. 일반적으로 문화적 특성을 1~3기로 나누면 마지막 3기는 쇠퇴기에 해당한다. 그러나 3기의 고구려 고분 벽화는 말기 현상이 보이지 않는다고 한다. 그래서 "고구려가 문화의 정점에 도달한 순간 막을 내렸으며, 고구려 역사 속에서 '사고사事故死를 당한 것처럼 끝났다'"고 표현하기도 한다.

일반인에게 고분을 개방해 내부 벽화 관람을 허용하는 곳이 5회분 하나뿐이라서 하루에도 수많은 관광객이 오고 간다. 모형물이 아니라 직접 고구려 고분에 들어가 벽화를 감상할 수 있는 것은 참 황송한 일이다. 하지만 '문화재 발굴부터가 문화재 훼손의 시작이다'는 말도 있듯이, 하루에도 이렇게 많은 이들이 출입하면 괜찮을까 내심 걱정되었다. 실제 5회분은 안과 밖 기온 차이 때문에 생기는 결로 현상뿐 아니라 관람객들이 호흡할 때 나오는 이산화탄소 때문에 벽화 보존 상태가 점점 나빠지고 있다고 한다. 물기를 잔뜩 머금은 고분에서 나오며 어쩔 수 없이 조만간 이 고분마저도 내부 관람 통제가 되겠구나 하는 생각을 했었다.

우리나라 발굴사의 가장 가슴 아픈 선례로 남아 있는 무령왕릉도 1971년 발굴 이후 줄곧 일반인에게 내부 관람을 허용했다. 그러다가 결로 현상과 내부 손상 같은 문제점이 지적되었고, 1997년에 결국 관람 폐쇄 조치가 내려졌다. 하지만 그 옆에 전시관을 만들어 같은 크기의 모형을 통해 무덤 안을 간접 체험할 수 있도록 해 두었다.

5회분 인근에는 고분 벽화의 대표라 할 수 있는 무용총과 각저총도 있다. 그렇다면 이 주변 고분을 묶어서 안내하는 전시관을 만들고 같은 크기로 고분 모형을 만들면 어떨까. 물론 실제를 직접 보는 것과 감동이 같을 수는 없겠지만, 문화재는 지금 우리 세대만의 것이 아니기에 발전적 대안을 고민해 봐야 할 듯싶다.

고구려 풍속화를 담은 각저총과 무용총

수업 시간에 고구려 사회상을 가르치면서 고분 벽화를 아이들에게 보여 주곤 했다. 그리고 벽화 속 주인공이 되어서 가상 역사 일기를 써 보자고 했다. 벽화 주인공이 되기 위해서는 그들의 옷차림, 하고 있는 일 들을 잘 관찰해야 한다. 아이들은 그 속에서 고구려 여자들이 치마가 아니라 바지를 입기도 했다는 것, 물방울무늬(아이들 표현으로는 땡땡이무늬)가 유행했다는 것, 말을 타면서 뒤를 돌아보며 활시위를 당겼다는 것 등을 찾았다.

아이들의 가상 일기 발표가 끝난 뒤에 아이들에게 벽화를 설명해 주었다.

"각저총이란 이름은 씨름무덤이란 뜻이야. 저기 씨름하는 사람 둘 중에 왼쪽 사람 얼굴 보이지? 코랑 눈 좀 봐봐. 부리부리하지? 그래. 짐작했듯이 우리나라 사람이 아니야. 무용총에서 사냥하는 사람들이 들고 있는 화살 끝 좀 봐봐. 꽃봉오리 같은 것이 끝에 달려 있지? 그게 명적이라는 거야. 구멍으로 바람이 통과하면서 피리 소리가 나는데 상대를 놀라게 하는 효과가 있다고 해."

아이들은 자기가 찾아 낸 것에 덧붙인 설명을 들으며 흥미로워했다. 무용총과 각저총에는 당시 사람들이 어떻게 생활했는지가 사진처럼 생생하게 기록되어 있다. 조선 시대에 김홍도의 풍속화가 있다면 고구려 시대에는 고구려 고분

1 각저총 앞 좁은 통로

2 무용총

3 각저총 벽화 일부

4 무용총 벽화 일부

5 무용총 벽화 일부

벽화가 있는 셈이다.

자료집에 그려진 지도에는 5회분과 멀리 떨어지지 않은 곳에 무용총과 각저총도 표시되어 있었다. 일행 중 막내 선생님이 상수씨에게 무용총과 각저총에 들를 수 없냐고 물었다. 상수씨는 위치를 알지 못한다며 곤란해 했다. 일반 여행 코스는 5회분까지일 테니, 그 역시 가본 적이 없는 모양이었다. 하지만 잠시 망설이다가 5회분 앞 기념품 가게 주인과 이야기를 나누더니, 이내 동네 주민 한 분을 우리 버스에 태웠다. 버스는 5회분에서 그리 멀지 않은 곳에서 멈춰 섰다. 버스가 주차할 만한 공터는 있었는데 그 어디에도 무용총, 각저총이라는 안내판은 보이지 않았다. 그런데 숲속으로 난 좁은 길 앞에 작은 돌 하나가 서 있었다. 가까이 가서 보니 빨간 글씨로 '각저묘, 무용묘'라고 적혀 있었다.

여기 무덤 두 기가 있노라고 알려 줄 의도가 별로 없어 보이는 작은 안내 입석을 지나서 풀이 우거져 있는 좁은 길로 들어섰다. 오른쪽으로 철창이 보였고 무덤 한 기가 보였다. 각저총이었다. 각저총 입구에는 자물쇠로 굳게 잠근 철문이 달려 있었다. 한 사람이 겨우 지나갈 만한 비좁은 통로에 서서 무덤 외관밖에는 볼 수 없었다. 그리고 바로 뒤에 무용총이 있었다. 동승한 분 말로는 예전에는 500위안(한화 약 10만 원)을 내면 몰래 들어가 볼 수도 있었다고 했다.

무령왕릉 백제 무령왕과 왕비의 무덤. 1971년 충남 공주 송산리 고분군의 배수구 공사 중 우연히 발굴됨. 중국 남조의 무덤 양식의 영향을 받은 벽돌무덤임. 한편 발굴 당시 갑자기 몰린 취재 기자들에 의해 청동 숟가락이 부러지는 등의 상황이 발생되자 하루 만에 발굴이 종료되어 졸속발굴의 대표적 대상이 되기도 함.

각저총이라고 하면 언뜻 어떤 그림이 그려져 있는지 쉽게 떠오르지 않는다. 북한에서는 '씨름무덤'이라고 부르는데 오히려 그 뜻을 쉽게 짐작할 수 있다. 각저총 벽화에는 두 사람이 씨름을 하는 모습이 그려져 있다. 그중 왼쪽에 서 있는 사람이 흥미롭다. 쭉 찢어진 눈과 매부리코가 고구려인 같아 보이지는 않는다. 서아시아계 인물로 추정한다.

한편 무용총 속 무용수들은 팔이 꺾이는 춤을 추고 있다. 수업 시간에 이 그림을 보여 주면 학생들은 가수 싸이의 데뷔곡인 '새' 노래 안무와 비슷하다고 웃었다. 소매 길이가 팔 길이보다 길어서 끝 섶이 툭 떨어지는 것을 표현한 듯싶다.

한편 흔히 무용총 벽화에는 춤추는 사람들만 그려져 있다고 생각하는데, 그뿐 아니라 광고에서도 간혹 등장해서 익숙해진 사냥 그림도 그려져 있다. 사냥꾼이 뒤를 돌아보며 사슴을 향해 활시위를 당기는 모습이다. 사냥꾼과 사슴의 방향이 반대로 묘사되어 있어 보는 이로 하여금 금방이라도 사냥감을 놓쳐 버릴 것 같은 긴장감을 느끼게 한다. 물결 모양으로 표현된 산 역시 역동성을 더한다.

환인으로 가는 길

버스는 다음 날 답사지인 고구려의 첫 번째 수도, 환인으로 달렸다. 하루 종일 비는 추적추적 내렸고 우산을 폈다 접었다 하며 꽤 많은 곳을 다닌 터라 모두 지쳐 있었다. 버스 분위기는 고요했다. 시간이 지나면서 점차 비는 잦아들었다. 버스는 주유소에 잠시 정차했다. 화장실도 다녀오고 기지개도 제대로 켤 겸 버스에서 내렸다. 그때 누군가가 소리쳤다.

"무지개다."

바로 건너편 논두렁 위로 무지개가 나타났다. 누가 그림이라도 그리듯이 점차 옆으로 늘어나고 있었다. 무지개는 반원 띠가 갑자기 짠하고 나타나는 게 아니라 점점 옆으로 퍼지는 거구나. 무지개는 산 아래 논에서 시작되고 있었다. 무지개를 처음 본 것은 아니었지만, 무지개가 시작하는 지점까지 본 것은 처음이라 넋을 놓고 보았다. 그리고 곧이어 본래 있던 무지개 위쪽으로 무지개가 또 하나 나타났다. 쌍무지개였다.

버스는 다시 출발했고 여태껏 조용하던 버스 분위기와는 달리 무지개에 대한 감상평이 쏟아지며 한껏 술렁였다. 답사가 끝나고 각자의 자리로 돌아갔다가 몇 년이 지나 다시 모인다면 우리는 분명 이 쌍무지개를 다시 이야기할 듯싶다. 그리고 이 순간을 회상하는 그때에는 다들 살짝 들뜬 기분이 될 거란 생각이 들었다.

버스를 타고 앞으로 세 시간은 더 가야 한다고 했다. 오늘 하루 우산 쓰고 빗속을 걷다가 다시 버스에 오르기를 몇 번이나 반복했더니 옷은 축축해졌다. 이런저런 생각을 하며 잠을 청했다. 깜박 잠이 들었다가 눈을 뜨니 해가 저물고 있었다. 해가 사라지기 직전 하늘은 다양한 빛을 보여 주었다. 비가 갠 뒤라 노을은 더욱 붉고 구름은 바람 따라 빠르게 흘러가고 있었다. 이렇게 하루가 저물고 있었다.

비 내리는 압록강변에 서 있던 때가 자꾸 떠오른다. 일행은 다들 하염없이 건너편을 바라보고 서 있었다. 강에서는 물안개가 피어오르고 맞은편 산에서는 안개가 올라오고 있었다. 빗속의 고요함 그리고 비현실적인 물안개, 굳이 서로 이야기를 나누지 않아도 비슷한 생각을 하며 강 건너편을 향해 보내는 눈길. 정지된 화면처럼 머릿속에서 오랫동안 잊히지 않을 것 같다.

Manchouli
Dalai
Nor
Hailar

다섯째 날.

고구려의 첫 번째 수도

오녀산성을 오르며

자, 이제는 마지막 절벽을 오르는 길이다. 가파른 계곡에 놓인 철길은 오녀산 위에 세운 텔레비전 송신탑에서 근무하는 사람들의 필수품을 실어 나르는 통을 끌어올리거나 내리는 데 사용한다. 그렇기 때문에 케이블카처럼 안전하게 장치한 것이 아니라 공사장에서 통의 한쪽 끝에 쇠줄을 달아 물건을 끌어올리는 것처럼 장치해 놓아 평소에 조심스러운 사람은 겁이 나서 그냥 타라고 해도 탈 용기조차 나지 않을 정도로 조잡하다. 그래도 우리에게 이 통은 선녀가 하늘로 올라가는 유일한 수단인 두레박이나 마찬가지였다. (중략) 나는 중국인 친구가 송신탑에 근무하고 있는 덕분에 통을 타고 편하게 올라갈 수 있었다. (중략) 드디어 한국인으로서는 처음으로 고구려의 첫 서울 홀본성에 입성하는 것이다.

1998년, 한국인 최초로 오녀산성에 오른 서길수 교수의《고구려 역사유적 답사》에 실린 이야기다. 물건을 실어 나르는 통을 타고 산성까지 올라갔다고 했다. 정상적인 절차를 거쳐 올라가려고 했으나 허가를 받지 못하고 이런 기발한 방법으로 몰래 산성에 오른 것이다.

중국 정부는 오랫동안 만주 일대에 한국 역사학자들이 접근하는 것을 불편해 했다. 그래서 이 지역과 관련된 이야기는 답사 결과물 못지않게 답사 과정도 흥미진진하다. 몇몇 교수들은 중국 정부에 허가받지 못한 상태에서 민간인이나 민간 방송으로 위장하고 답사를 한 모양이다.

반갑게도 2004년부터는 일반인 출입이 자유롭게 허용되고 있다. 오녀산성이 유네스코 세계 문화유산에 등재되었기 때문이다. 우리 유적인데도 중국 소유로 공인된 것 같아 속이 쓰리지만, 그 덕분에 접근이 용이해진 셈이다.

버스는 오녀산성으로 향했다. 오녀산성에 오르기 전에 박물관에 먼저 들렀다. 환인 오녀산박물관. 이 일대에 댐이 만들어지면서 수몰된 지역과 하고성자성 터, 오녀산성에서 출토된 유물 들이 전시되어 있다. 고구려뿐 아니라 선사시대 유물도 있다. 이곳에서 일찌감치 사람들이 살고 있었음을 짐작할 수 있다.

이곳에서 발견된 갑옷은 작은 조각이 비늘처럼 이어져 있다. 갑옷 한 조각당 작은 구멍이 여럿 뚫려 있는데 이 구멍에 실을 꿰어 연결한 것이, 세월이 흘러 실 부분은 삭아서 없어지고 철만 남은 것이다. 서양 갑옷은 통으로 만드는 반면 우리 갑옷은 작은 조각을 실로 꿰어 만든다. 이렇게 만들면 활동하기가 훨씬 좋다. 서양 중세 시대를 배경으로 한 영화에선 기사가 말에 오르고 나서야, 다른 사람이 밑에서 갑옷을 올려 얹어 주는 모습을 볼 수 있다. 통으로 된 갑옷을 입은 채로 말에 올라타는 일이 쉽지 않기 때문이다.

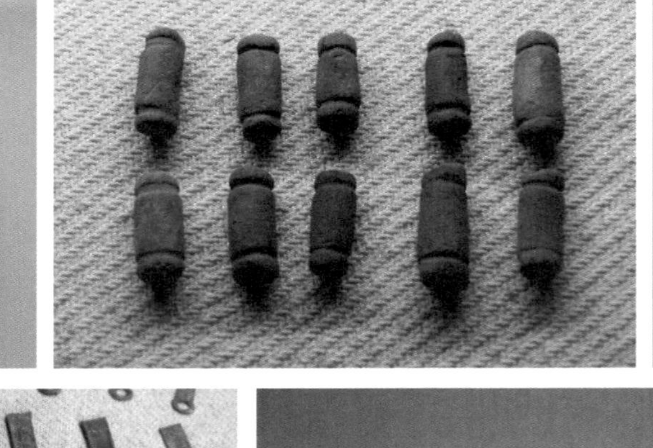

1 간석기
2 그물추
3 화폐 명도전
4 수막새

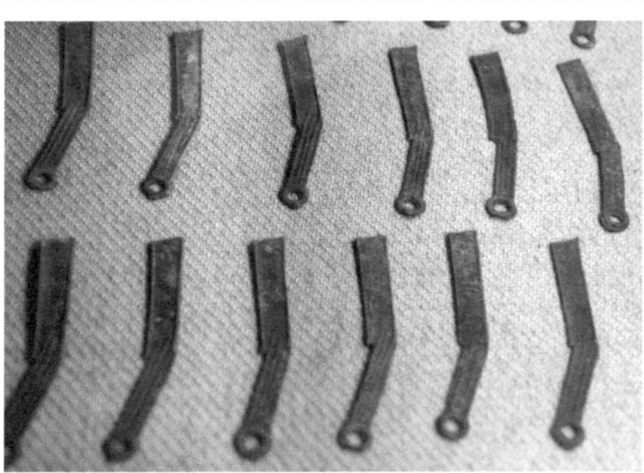

5 반달돌칼 6 철갑옷 7 청동거울 8 등자

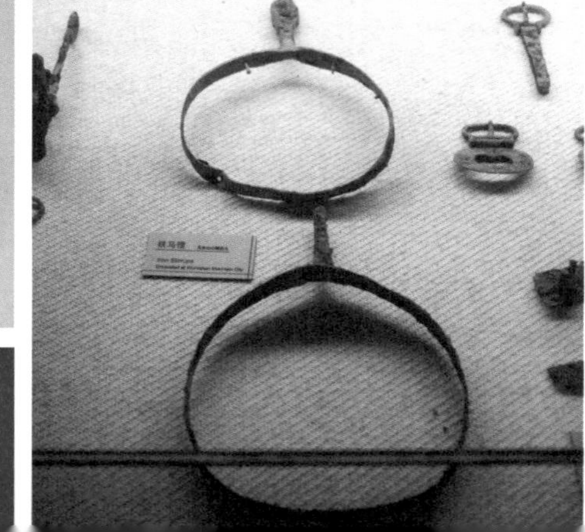

한편 등자도 보였다. 등자는 말안장 양쪽으로 늘어뜨려서 내려놓는 것으로 말을 탈 때 발걸이 역할을 한다. 발걸이라 하니 별것 아닌 것 같지만, 발로 무게 중심을 잡을 수 있어 손이 자유로워지고 그 덕분에 무기도 자유자재로 사용할 수 있게 된 것이다.

숙소에서 매일 아침마다 TV로 한국 뉴스를 봤다. 그러다 우연히 일본 국회의원들이 김포공항에서 아홉 시간 동안 체류하다가 결국 돌아갔다는 뉴스를 보게 되었다. 이들은 울릉도를 방문하려 했다. 하지만 이전에 일본 자민당 의원들이 울릉도 방문 의사를 밝혔을 때 우리 정부는 이미 입국 금지 조치를 할 것이라는 방침을 표명했다. 그런데도 이들이 방문을 강행한 것을 보니, 거부당하는 것 자체를 국제적 이슈로 만들기 위한 의도는 아닐까 하는 의심의 눈초리를 거둘 수 없다. 울릉도 옆에 있는 독도를 국제 분쟁 지역으로 부각시키기 위한 의도가 있을 것이다.

예전에 강원대 손승철 교수님에게 일본의 독도 왜곡 관련 연수를 받은 적이 있다. 그때 처음 일본 역사교과서를 직접 볼 수 있었다. 교과서 표지 안쪽에는 '되찾아 와야 할 영토'라는 제목과 함께 독도 사진이 실려 있었다. 일본의 독도 관련 역사교과서 문제가 하루 이틀 일은 아니지만, 그 내용이 직접 명시되어 있는 교과서를 보니 느낌이 조금 달랐다. '교과서'가 다른 책과는 다르게 갖는 상대적 위상과 영향력을 생각해 볼 때 이 책을 학창 시절 내내 배운 일본 학생들이 성인이 될 앞으로가 더 염려스럽다.

뉴스에서 자민당 의원들의 울릉도 방문 시도 사건을 본 날, 오녀산박물관에서 뜻밖의 단어를 보게 되었다. 고구려 수도가 표시된 지도에 동해가 '일본해日

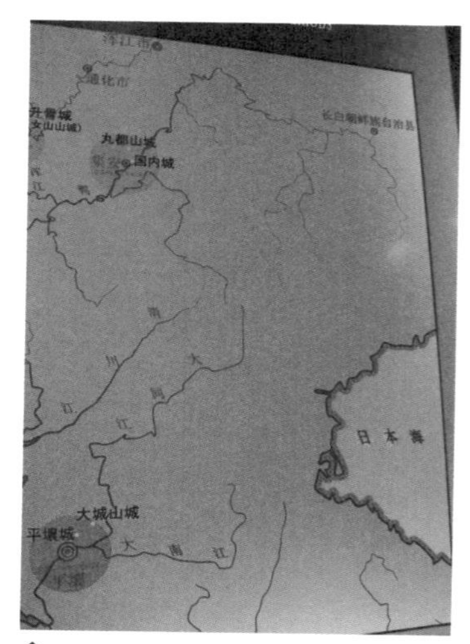

환인 오녀산박물관 지도에 동해가 일본해라고 표시되어 있다

本海'로 표기되어 있었다. 일본도 아닌 중국 땅에서 보게 되어서 더더욱 씁쓸했다. 누군가도 같은 마음이었는지 지도의 일본이라는 글씨가 날카로운 것에 긁혀 있었다.

《삼국사기》를 보면 '주몽이 졸본천에 이르러 땅이 기름지고 산과 강이 험해서 도읍을 정하였다'는 표현이 있다. 또 고구려인들이 직접 남긴 광개토대왕릉비 비문에도 '비류곡 홀본 서쪽 성산 위에 도읍을 세웠다'라고 새겨져 있다. 한편 중국 역사책 《위서》에 '흘승골성'이라는 표현이 나오는데 '흘승골성', '졸본성', '홀본 성산' 모두 비슷한 발음으로 미루어 보아 같은 곳을 지칭한다고 볼 수 있다. 그곳은 바로 중국 요령성 환인현에 자리잡은 오녀산성이다.

오녀산성은 천연요새라 불린다. 산을 인공적으로 깎아 놓은 것처럼 가파른 절벽이 사방으로 둘러 있다. 고구려인들은 높다란 절벽을 그대로 활용해 성벽으로 삼았으며 상대적으로 경사가 완만한 동쪽은 돌로 성벽을 쌓아 보완했다.

환인 오녀산박물관을 나와 버스를 탔다. 그리고 산성 서문 입구에 도착했다. 입구에서 위를 올려다보니 가파른 계단이 이어졌다. 계단은 무려 900개가 넘는다고 했다. 꽤나 가팔랐다. 성이 얼마나 높은 곳에 위치해 있는지 얼추 짐작이 되었다.

입구에 현지인들이 앉아 있었다. 그 옆에는 대나무 위에 의자를 얹은 간이

멀리 언덕 위에 높게
솟은 절벽이 오녀산성이다

인력거가 있었다. 우리 돈 5만 원 정도를 주면 두 남자가 메고 가는 인력거에 앉아 올라갈 수 있다고 했다. 내가 지불하는 돈이 하루 품삯으로 그들의 생계에 도움을 줄 수 있다 하더라도, 나의 편함이 누군가의 힘겨운 육체노동에 기인한다면 어쩐지 정당하지 않은 것 같다. 의자에 앉아 그들을 내려다보며 올라간다면 몸은 편할지라도 마음은 결코 편할 것 같지 않았다.

누군가는 사람을 태우고도 올라가는데 내 몸 하나 이끌고 못 올라갈 이유는 없었다. 결의를 다지면서 계단을 한 발 한 발 디뎠지만, 중간중간 사진을 찍느라 멈춰서다 보니 일행과 떨어져 계속 뒤처지기만 했다. 뒤에 남아 혼자 올라가려니 속도는 더 안 나고 어깨에 멘 카메라 가방은 누군가 뒤에서 잡아당기는 것

오녀산성 서문 입구 안내석

우리 돈 5만 원 정도를 주면 편도로 오녀산성
정상까지 인력거를 타고 올라갈 수 있다

만 같았다. 8월 한여름이라 날씨는 덥고, 습하고, 다리는 후들거리고, 숨은 가빠 왔다. 그러다가 잠깐 뒤를 돌아보면 아찔한 풍경에 숨이 막힐 지경이었다. 그렇게 높이 오른 것 같지 않았는데도 워낙 경사가 가팔라 꽤 높은 지점에 서 있었다. 혼강을 비롯한 환인 일대의 풍경이 한눈에 내려다보였다.

한참 계단을 오르다 보니 끝이 보이기 시작했다. 드디어 서문에 도착했다. 오녀산성 동쪽 면을 제외한 나머지 지역은 지세가 험준해 서문 역시 별도의 성벽을 쌓지 않고 간단한 옹성만 구축해 놓았다. 입구는 '亞'자 형태로 되어 있었다. 양쪽으로 한 사람이 들어갈 만한 공간이 있었는데 초병이 서 있던 곳으로 보인다. 서문을 지나자 평지가 펼쳐졌다. 워낙 높은 절벽에 자리한 곳이라 그런지 쭉 펼쳐져 있는 평지가 낯설기도 했다. 남북으로는 1킬로미터, 동서로는 300미터에 이르는 넓은 대지다.

몇 분 걸어가니 주춧돌이 박혀 있는 작은 공간이 나왔다. 안내판에는 대형 건물 터이며 왕궁지로 짐작된다고 쓰여 있다. 그러나 '대형', '왕궁 터'라 하기에는 다소 작아 보인다. 하지만 발굴 당시 가장 큰 주목을 받았다고 한다.

이곳에서 기원 전후 시기에 걸쳐 존재한 중국 전한前漢 왕망 시대 화폐가 발견되었기 때문이다. 게다가 발굴된 유물이 시기적으로 고구려 초기와 맞물리기 때문에 이곳을 고구려 초기의 도성 유적으로 파악하게 되었다고 한다.

대형 건물 터는 크기만으로는 그다지 시선을 끌지 못하지만 오녀산성을 고구려 초기 산성으로 증명해 주는 중요한 곳 중 하나다.

대형 건물 터를 지나 내려오면 도교 사원 터가 보인다. 옥황상제를 모시기 위한 건물이 세워져 있었다고 한다. 청나라 때 만들어진 것으로 고구려 때와는 상관이 없다. 1966년에 제거되었다는 설명을 봤을 때 문화대혁명 시기에 파괴

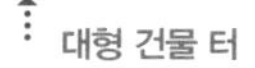
대형 건물 터

오녀산성 서문 쪽 옹성과 초병근무지

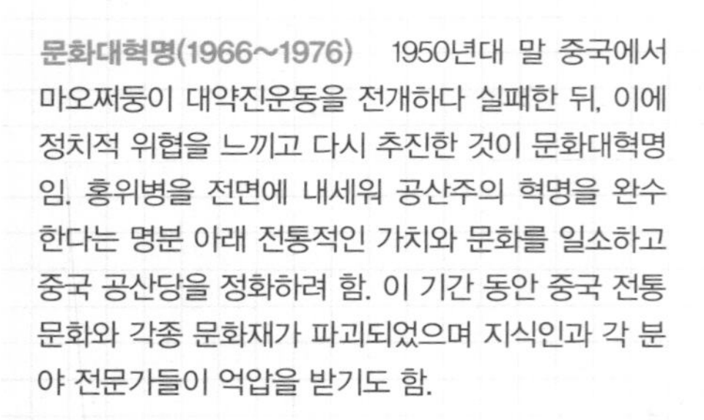

문화대혁명(1966~1976) 1950년대 말 중국에서 마오쩌둥이 대약진운동을 전개하다 실패한 뒤, 이에 정치적 위협을 느끼고 다시 추진한 것이 문화대혁명임. 홍위병을 전면에 내세워 공산주의 혁명을 완수한다는 명분 아래 전통적인 가치와 문화를 일소하고 중국 공산당을 정화하려 함. 이 기간 동안 중국 전통문화와 각종 문화재가 파괴되었으며 지식인과 각 분야 전문가들이 억압을 받기도 함.

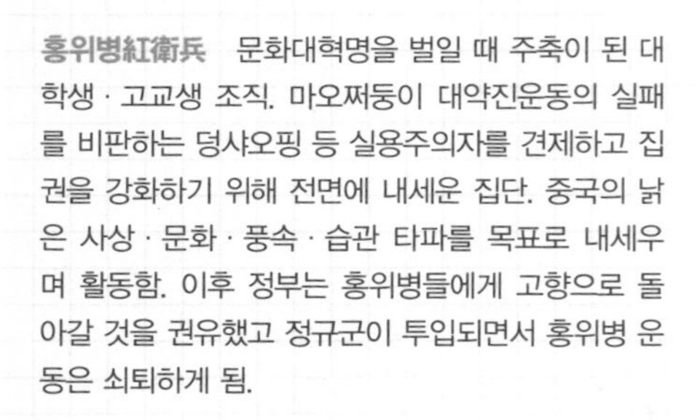

홍위병紅衛兵 문화대혁명을 벌일 때 주축이 된 대학생 · 고교생 조직. 마오쩌둥이 대약진운동의 실패를 비판하는 덩샤오핑 등 실용주의자를 견제하고 집권을 강화하기 위해 전면에 내세운 집단. 중국의 낡은 사상 · 문화 · 풍속 · 습관 타파를 목표로 내세우며 활동함. 이후 정부는 홍위병들에게 고향으로 돌아갈 것을 권유했고 정규군이 투입되면서 홍위병 운동은 쇠퇴하게 됨.

된 것으로 보인다. 조금 더 걸어가면 연자방아가 보이는데 윗돌은 사라지고 아랫돌만 남아 있다. 이 역시 문화대혁명 시기 홍위병들에 의해 사라졌다고 했다.

또 다른 천지

산성의 주요 목적은 거주가 아니라 방어와 수비다. 소설 《남한산성》을 보면 청나라로부터 공격을 받으면서 남한산성에서 항전하던 인조가 결국 항복을 결정하게 된 이유 중 하나가 바로 식량 부족이었다. 산성에서 장기간 방어를 하려면 충분한 식량을 준비해야 한다. 또 마실 물을 지속해서 제공받을 수 있는 우물과 같은 물 저장 시설이 있어야 한다. 그래서 모든 산성 안에는 우물이 있거나 계곡물이 흐른다.

오녀산성에도 '천지'라는 우물이 있다. 이름은 같지만 백두산 천지와는 비교하기 어려운 작은 연못이다. 우물이라기보다는 연못에 가깝다. 비록 작은 공간이지만 당시 병사들에게는 중요한 식수 공급원이 되었을 테다. 한편 2003년 저수지 물을 다 퍼내고 정리할 당시, 바닥에서 고구려 시대 유물인 점토로 만든 두레박, 등잔, 나무 제품 등이 나왔다고 한다.

천지를 지나 동남쪽 방향으로 내려오다 보니 탄성이 절로 나올 만큼 확 트인 공간이 나타났다. 댐 아래 잠겨 있는 환인 일대 산이 섬처럼 보여 흡사 남도 바다 기행이라도 온 것 같았다. 우리나라였으면 이미 진작에 통유리 카페라도 들어섰을 만한 공간이었다. 그러나 풍경을 그저 넋 놓고 감탄할 수만은 없었다.

오녀산성 천지

오녀산성이 고구려 초기 산성인 만큼 이 일대는 고구려 유적이 산재해 있었다. 그런데 이곳에 환인댐이 건설되면서 '고려묘자'라고 하는 고구려인들의 무덤이 강물 아래 잠들어 버린 것이다.

우리가 도착한 곳은 '점장대'라 불리는 곳이었다. 전투를 지휘하는 곳이다. 한눈에 환인 지역과 혼강 일대가 내려다보여 이곳을 만든 목적을 충분히 짐작케 했다. 그러나 당시 이 일대는 분지와 평야 지대였으니 강을 땅으로 상상하며 내려다볼 일이다.

점장대 바로 밑이 까마득한 절벽이라 주변에 철제 보호물이 둘러져 있었다. 그리고 보호물 곳곳에 소원을 적은 빨간색 노리개 같은 것이 걸려 있었다. 힘겹게 오른 곳이고 전망이 좋은 곳이니 무언가를 염원하는 마음이 생기는 것은 다

환인 고려성 식당에서 본 오녀산성과 혼강 전경.
오른쪽에 환인댐도 보인다

들 비슷한가 보다. 그중에서도 한글이 단연 눈에 띄었다.

한편 오녀산성은 다른 방향에 비해 동쪽과 동남쪽이 상대적으로 낮다. 그래서 고구려인들은 이를 보완하기 위해 성벽을 쌓았다. 따라서 오녀산성 답사에서 가장 중요한 곳이 바로 동벽이다. 그러나 시간이 조금 지체되었고 전체 일정을 고려해 포기하고 내려올 수밖에 없었다. 내려와서도 못내 아쉬웠다.

오녀산성에서 내려와 늦은 점심을 먹었다. 혼강 건너편에 자리 잡은 '고려성'이라는 식당이었다. 오르막길 도로 한 켠에 자리 잡고 있어 주변 시야가 탁 트였다. 입구에는 이해찬 전 국무총리가 다녀가면서 남긴 서예 글씨와 사진들이 붙어 있었다. 고위 관리가 다녀간 곳이라는 훈장은 이 식당에 대한 기대를 높여 주었지만 정작 음식 맛은 그냥저냥이었다. 식사를 먼저 마친 일행이 모여 있는 곳에 가 보니 식당 건물 옆쪽으로 길이 하나 나 있었다. 그 길을 따라가니 혼강 건너편으로 오녀산성이 한눈에 보였다. 그 앞을 가리고 서 있는 높다란 붉은 굴뚝 하나가 아쉬웠지만, 식당에서 우연히 만난 전경치고는 꽤 괜찮았다.

하고성자성과
상고성자 무덤 떼

앞서 국내성–환도산성 관계를 설명했듯이 고구려 성은 평상시에 머무르는 성과 전쟁에 대비한 산성이 함께 짝을 이룬다. 오녀산성은 높이와 절벽 지형을 보더라도 당연히 전쟁에 대비한 성이다. 그리고 평시성으로 추정되는 하고성자성은 오녀산성에서 혼강을 건너 멀지 않은 곳에 자리하고 있다.

그러나 과연 하고성자성이 오녀산성과 짝을 이룬 평시성이 맞는가에 대한 문제제기가 있기도 하다. 오녀산성 '서쪽'에 자리하고 있기 때문이다. 광개토대왕릉 비문을 보면 오녀산성의 위치를 '비류곡 홀본 서쪽 성산 위에 도읍을 세웠다'라고 설명한 글이 있는데 이에 따르면 상대적으로 평시성은 동쪽에 위치하고 있어야 한다. 기록과 방향이 맞지 않는다. 이에 또 다른 쪽에서는 오녀산성 동쪽의 환인댐 수몰 지구가 평시성이라고 추정하기도 한다. 그리고 지금은 수몰되어 있는 고구려 무덤 '고려묘자'가 그 근거로 제시되곤 한다.

이처럼 논란이 있긴 하지만 현재까지는 가장 유력하게 환도산성과 짝을 이룬 평시성이라고 추정되는 하고성자성을 찾아 나섰다.

버스는 다시 시골 마을 앞에 멈춰 섰고 버스에서 내려 골목 안으로 들어갔다. 어떤 안내판도 하나 없어 혼자 답사를 온다면 찾기가 결코 쉽지 않을 것 같았다. 중국 정부에서 오녀산성은 유네스코 세계 문화유산으로 지정하고 관리에도 나름 신경을 쓰는 것에 비해 하고성자성은 전혀 관리하고 있지 않은 듯했다. 마을 안으로 들어가서야 그 이유를 짐작할 수 있었다.

마을에는 하고성자성 터라는 표지석 하나만 남아 있다

안내석 뒤편으로 방치된 듯 보이는 무덤. 하고성자성의 공동묘지에 해당하는 상고성자 무덤 떼. 20여기 정도만 남았다

마을에는 어떤 흔적도 남아 있지 않았다. 1987년 중국 정부가 이 일대를 조사했을 때만 해도 '2미터 정도 높이의 성벽이 남아 있다'는 기록이 있었다고 한다. 그러나 지금은 그 위로 집들이 다 들어서 흔적을 찾을 수 없었다. 마을에는 하고성자성 터라는 표지석을 제외하고는 성 터의 흔적이 있었으리라고 짐작할 만한 무엇도 남아 있지 않았다.

마을을 나와 상고성자 무덤 떼로 향했다. 하고성자성에서 북쪽 방향으로 멀지 않은 곳에 있었다. '하下고성자성'에 비해 북쪽에 위치해 있어 '상上고성자 무덤 떼'라 이름 붙인 모양이다. 하고성자성의 공동묘지에 해당한다. 입구에 상고성자묘군上古城子墓群이라 쓰여 있고 그 뒤편으로 이미 많이 무너져 내려앉은 무덤 몇 기가 보였다. 그 앞에 울타리가 쳐져 있고 관리인이 지키고 있어 안으로 들어가 볼 수는 없었다. 1960년대만 하더라도 200여 기의 무덤이 있었지만 문화대혁명 이후 대부분 파괴되고 지금은 20여 기밖에 남아 있지 않다고 한다.

고구려인의 창고,
부경

도로를 지나다 보니, 농가 마당마다 2층짜리 철제 건물이 보였다. '부경'이다. 부경은 고구려 때부터 만들어진 창고다. 《삼국지》 위서 동이전에 "나라(고구려)에 큰 창고가 없으며 집집마다 작은 창고를 가지고 있는데 이를 '부경'이라 한다"고 기록되어 있다. 또 부경은 기록에서뿐 아니라 고분 벽화에서도

경남 창원 다호리에서 발견된 부경 모양 토기. 국립중앙박물관 소장

평안남도 덕흥리 고분 벽화 속 '부경'

흔적을 찾아볼 수 있는데 평안남도 덕흥리 고분 벽화에 나타난 부경을 보면 지금 모습과 그리 다르지 않다. 경남 창원 다호리 유적에서도 부경 모양 토기가 발견되어 모습을 구체적으로 짐작할 수 있다.

부경은 기둥을 만들어서 2층 형태로 건물을 올리는 것이 특징이다. 부경 안에 저장된 식량을 습기로부터 보호하기 위한 것으로 추정된다. 천년을 훌쩍 넘은 건축 양식이 지금까지도 이어지고 있다는 사실이 놀라울 따름이다. 집집마다 부경 안에는 옥수수가 가득 차 있었다.

박작성을 찾아

2012년 6월, 중국 중앙방송에서 만리장성 관련 뉴스를 보도했다. 우리로 치면 문화재청에 해당하는 중국 국가문물국에서 만리장성의 전체 길이가 정확하게 2만 1196.8킬로미터라고 밝힌다는 내용이었다.

만리장성이라 하면 흔히 진시황이 쌓은 성을 떠올린다. 그러나 만리장성은 진시황 때 쌓은 장성과 더불어 명의 영락제가 수도를 북경으로 옮긴 후 북방 유목민족을 막기 위해 쌓은 장성까지를 포함해 일컫는다. 만리장성은 서쪽으로는 가욕관에서부터 동쪽으로는 산해관까지 총 6000여 킬로미터에 이른다. 그런데 중국 당국이 만리장성 길이가 세 배가 넘는다고 발표한 것이다. 갑자기 만리장성 길이가 세 배로 늘어난 이유는 무엇일까?

이와 관련해 최근 고고학계의 뜨거운 화두로 떠오른 '호산장성'으로 향했다. 호산장성은 환인에서 압록강변을 따라 단동으로 이동하는 길에 있다. 시간은

호산장성 입구에는 대규모 조각상이 세워져 있고 아래에는 '만리장성 동단 기점 호산'이라고 적혀 있다

어느덧 오후 다섯 시를 넘어가고 있었다. 버스는 입장 마감 시간에 가까스로 맞춰 매표소를 통과할 수 있었다. 주차장 한쪽에는 거대한 조각상이 있었다. 큰 조각상보다도 밑에 쓰여 있는 글귀가 눈에 띄었다.

"만리장성 동단 기점 호산"

조각상은 이곳이 만리장성의 동쪽 끝을 알리는 일종의 안내문이었다. 일반적으로 만리장성의 동쪽 끝은 산해관으로 알려져 있다. 그런데 어찌 된 이유에서인지 만리장성이 압록강 바로 맞은편에 있는 이곳까지 늘어나 있었다. 앞서 중국 국가문물국이 만리장성의 길이를 세 배 부풀려 발표한 이유가 바로 이 호산산성과 관련이 있다.

명은 몽골을 방어하기 위해 '변장'이라는 방어선을 쌓았다. 몇몇 학자들에 따르면, 변장은 '변방의 담장'이란 뜻이고 특수한 지역에 쌓은 성이기 때문에 장성과는 다르다고 한다. 그런데 현재 중국이 명대에 만들어진 변장 구역을 만리장성 구간으로 주장하며 기존의 산해관을 넘어 압록강까지 '장성'이 있었다고

주장하는 것이다.

우리가 호산장성을 답사 코스로 삼은 이유는 중국 정부의 선전대로 만리장성의 가장 동쪽 끝을 확인하기 위해서가 아니다. 고구려의 박작성이 있기 때문이다.

박작성과 관련한 기록은 《삼국사기》 고구려 본기에 처음 나타난다.

지금은 호산장성이라 불리는 고구려의 박작성(왼쪽)은 만리장성과 흡사하게 조성되어 있다

> 당태종이 장군 설만철 등으로 하여금 우리나라를 공격하게 하였다. 그들은 바다를 건너 압록강으로 들어와 박작성 남쪽 40리에 진을 쳤다. 박작성 성주 소부손이 보병, 기병 1만 여 명을 거느리고 그를 막았다. (중략) 박작성은 산을 이용한 험준한 요새였으며, 압록강으로 튼튼하게 막혀 있었기 때문에 그들을 함락시키지 못하였다.

당나라 군대가 압록강으로 들어와 박작성 인근에 진을 쳤다고 되어 있으니, 박작성은 압록강 입구 쪽에 있을 것이다. 현재까지 압록강 입구에서 발견된 성은 '애하첨고성'과 '호산장성' 이라고 한다. 그런데 "애하첨고성은 평지성이고 호산장성은 산을 이용해 축성한 성인데, 삼국사기 기록에 '산을 이용한 험준한 요새'라고 되어 있는 구절로 미루어 호산장성을 박작성으로 보는 것이 옳다"고 이야기한다.

그러나 호산장성이라 불리는 박작성을 찾았을 때 정작 고구려 산성의 흔적을 찾기는 어려웠다. 국내성과 환도산성과는 느낌이 사뭇 달랐다. 누가 보더라도 외관은 만리장성의 일부였다. 성은 '복원'된 것이 아니라 '재건축'된 듯했다.

가파른 경사의 성벽 길을 따라 올라갔다. 관람 시간이 끝나갈 무렵이었기에 서둘러야 했다. 다들 성큼성큼 거의 뛰는 걸음으로 움직였다. 하지만 경사가 워낙 급해서 숨을 돌리기 위해 몇 번을 계단에 주저앉아야 했다. 그러면서도 고작 만리장성 모형물을 보자고 이곳에 온 것인가라는 회의가 들었다.

고구려 성의 흔적은 어디에서 찾아야 했을까. 결국 박작성의 흔적은 찾지 못하고 돌아왔다. 그리고 나중에 박작성과 관련된 자료를 찾아보다가 뜻밖의 영상을 보았다. 2010년 KBS 역사스페셜에서 방영한 〈고구려 성, 만리장성으로 둔갑하다〉. 방송을 보니 호산장성에서 우리가 고구려 성의 흔적을 찾지 못한 이유를 알 수 있었다. 고구려 박작성은 현재 복원되어 있는 호산장성 성벽과 전혀 다른 방향에 위치해 있었다. 호산장성 성벽과는 十자 모양으로 엇갈리는 방향으로 방치되어 있었다. 호산장성 아래에서 발견된 성벽들은 고구려 성벽의 전형을 보여 주었다. 환도산성에서도 살펴보았듯이 고구려 성벽은 중국 성벽과는 몇 가지 차이점이 있다. 먼저 중국의 성벽은 돌을 네모지게 깎아서 벽돌처럼 쌓아 올리는 데 비해, 고구려 성벽은 자갈돌을 쌓은 후 그 앞에 치아 모양의 쐐기돌을 끼워 맞춘다. 영상에서 본 성벽은 고구려 성벽의 특징인 쐐기돌 모양이 그대로 드러났다. 또 오녀산성의 천지에서도 살펴보았듯이 고구려 산성의 특징

중 하나는 우물이 있다는 것이다. 영상에서는 비록 지금 메워져 있긴 했으나 우물의 흔적도 확인할 수 있었다.

중국은 1991년 발굴 당시, 과연 고구려의 성벽이라는 사실을 몰랐을까? 역사스페셜이 입수해 보여 준 발굴 당시 중국 쪽 보고서, '단동 호산 고구려 유적'에선 분명 '고구려' 유적이라고 명시되어 있다. 또 '고구려 성의 전형적인 특징인 쐐기돌 석축, 크고 깊은 우물이 있다'는 설명도 들어 있다. 발굴 당시에 이미 고구려 성이라는 사실을 알고 있었다는 이야기다.

그러나 발굴 20년이 지난 지금, 고구려 흔적을 찾기란 쉽지 않았다. '쐐기돌 석축'은 방치되었으며 '크고 깊은 우물'은 이미 메워졌다. 그리고 성벽은 만리장성 모양으로 재건축되었다. 이곳에서 누가 고구려 박작성을 떠올릴 수 있을까.

그렇다면 대체 중국은 왜 박작성을 재건축하면서까지 만리장성의 길이를 늘이려고 하는 걸까. 이에 "중국이 만리장성의 끝을 압록강으로 설정함으로써 양국 국경선을 압록강이라 못 박고, 결국 한국사가 만주로 넘어오지 못하게 하기 위해서"라고 이야기하기도 한다.

중국을 막기 위해 우리가 쌓은 성이 되레 중국 성의 일부가 되어 버린 현실을 어쩌면 좋을까 . 만리장성 동쪽 끝으로 홍보되고 있는 이곳에 많은 관광객이 올 것이다. 여기서 누가 고구려 박작성을 떠올릴 수 있을까. 우리는 '역사 속 고구려'를 본 것이 아니라 '동북공정이 진행되고 있는 고구려 현대사'의 한 장면을 본 것이다.

압록강,
참 시시한 국경

> 호조에서 평안도 경차관의 보고에 의하여 계하기를,
> "의주 어적도를 세종 4년부터 압록강 밖의 땅이라 하고 경작하는 것을 금지하였으나,
> 이 섬 밖에도 다시 4개의 강이 격해 있으니 저쪽 땅이라 할 수 없고,
> 또 의내 성내의 주민들이 모두 이 섬을 경작하여 살고 있으니,
> 그 전대로 백성들이 들어가 경작하는 것을 허락하고 조세를 거두소서."
> 하니, 그대로 따랐다.
> –《세종실록》, 세종 6년(1424) 10월 30일

압록강에 있는 섬은 '조선' 땅일까. 중국 땅일까. 조선 세종 때 논의가 된 곳은 압록강 하구에 흙과 모래가 쌓이면서 만들어진 어적도란 섬이다. 지금은 한국, 중국 땅도 아닌 '조선(북한)' 땅이다.

호산장성에서 고구려 산성의 흔적을 발견할 수는 없었지만, 아쉬움을 달랠 만한 풍경이 하나 있었다. 산성 정상부에 서니 바로 코앞에 북한 땅이 내려다 보였다. 압록강변에 세워진 성이다 보니 압록강 건너편 북한 신의주가 한눈에 들어왔다. 그리고 실록에 나온 어적도가 바로 밑에 있었다.

어적도 안에도 집들이 꽤 있었다. 충적토로 만들어진 섬이니 농사짓기 좋을 것이다. 혹시라도 사람들이 보일까 싶어서 다들 카메라 렌즈를 당기면서 들여다보곤 했다. 이렇게 떨어져 있는데, 사람을 본다 한들 의미가 있을까 싶지만,

호산장성 위에서 남쪽을 내려다본 풍경. 사진 상단과 하단에 나뉘어 흐르는 강이 압록강이고 양쪽 강 사이에 보이는 섬이 어적도다. 사진 왼쪽으로 어적도에 위치한 북한 마을이 보인다

점처럼 보이는 사람들이 움직일 때마다 손가락으로 가리키며 반가워했다.

압록강이 내려다보이는 성벽 오른쪽으로는 애하강이 흐르고 있다. 애하강 뒷산을 배경으로 해가 뉘엿뉘엿 지고 있었다. 붉은 노을이 짙게 내리고 있는 이 시간, 중국 성으로 둔갑해 버린 고구려 산성 터에서 또 다른 나라가 된 북한 땅을 마주하고 서 있으려니, 뭉클하면서도 서글펐다. 급한 경사 탓에 소란스럽게 올라온 것과는 달리 다들 마음이 가라앉은 채 저마다의 감상을 두런두런 나누며 내려왔다.

박작성을 내려왔다. 위에서 내려다보았으니 그 밑에서도 건너편을 볼 수 있으리라. 박작성 입구 오른쪽으로 난 좁은 길로 가면 건너편을 지척에서 볼 수 있다고 했다. 아치형 성문을 지나니 '일보과'라고 쓰여 있는 돌이 세워져 있었다. '한걸음이면 건널 수 있다'는 뜻이다. 또 옆에는 '지척'이라 쓰여 있었다. 지척, 아주 가까운 거리. 강폭이 1미터를 조금 넘을까. 좁은 개울물을 건너면 북한 땅 어적도다. '조중국경지역'이라는 안내판이 없으면 이렇게 느슨한 곳이 국경지대라고 생각이나 할 수 있을까.

이곳을 통과하는 유람선이 다니고 있었다. 상수씨 말로는 몇해 전까지만 해도 유람선이 지나가면 건너편 초소에 있던 북한군이 얼굴을 내밀고 담배나 시계를 던져 달라고 했다고. 그러면 그들은 관광객이 던져주는 물건을 받기 위해 초소 밖으로 나오곤 했다고 한다. 그리고 그때 서로 손도 흔들고 인사도 했다고. 이런 풍경을 어느 국경에서 볼 수 있을까. 하지만 지금은 북한 당국에서도 이런 상황을 파악했는지 이전 같은 모습을 보기는 어렵다고 했다.

2006년, 동료 교사들과 금강산 관광을 계획했다. 경비는 2박 3일에 30만원 정도였다. 그 정도 비용이면 제주도를 가거나 조금 더 보태서 가까운 홍콩 같은 곳도 갈 수 있었다. 잠시 고민하다가 결국 금강산을 선택했다. 혹시라도 남북 관계가 악화되면 관광이 중단될 수도 있겠다는 생각 때문이다. 이 생각이 기우였으면 좋았으련만 2008년 관광객 피살 사건 이후 지금은 금강산 관광이 중단된 상태다.

금강산은 아름다웠다. 겸재 정선의 〈금강전도〉에서 본 모습 그대로였다. 뾰족하게 솟은 봉우리들이 파노라마처럼 펼쳐졌다. 자연풍경은 압도적이었다. 그러나 2박 3일 일정 중 가장 인상 깊은 곳은 바로 '국경'이었다.

강원도 고성에서 출입국 신고서를 작성했다. 북한으로 넘어가기 위해서는

이 좁은 실개천을 건너면 북한 땅이다

'지척'과 '일보과'

중국과 조선(북한)의 국경선이니 넘지 말라는 안내판

'출국出國신고서'가 아닌 '출경出京신고서'를 작성해야 했다. 출입사무소에서 주의사항을 듣고 핸드폰을 반납하고 검색대를 통과해서 전용 관광버스로 갈아탔다. 버스는 10여 분을 달려 노란 바리게이드 앞에 멈춰 섰다. 바로 남한의 최북단인 남방한계선이었다. 이내 우리 군인이 바리게이드를 치워 주었다. 그렇게 몇 분을 달리고 차가 속도를 조금 줄이면서 차 안에 있던 가이드가 다시 마이크를 잡았다.

"여러분 왼쪽으로 보이는 안내판이 군사분계선을 나타내는 게시물입니다. 여러분은 지금 휴전선을 지나고 있습니다. 이제부터는 북한 땅에 들어선 겁니다. 좀 떨리시죠?"라고 물었다.

휴전선을 넘었다. 그리고 또 2킬로미터를 더 달렸다. 비무장지대를 달리고 있었다. 그리고 차창 오른쪽으로 파도가 세차게 이는 동해 바다를 보면서 얼마나 달렸을까. 또 다른 바리게이드가 나타났다. 그 앞에는 영화 〈JSA〉에서나 봄 직한 인민군 군복을 입은 군인이 서 있었다. 정말 북한 땅에 온 거구나. 불과 15분 사이에 바리게이드 앞에 서 있던 병사가 '국군'에서 '인민군'으로 바뀐 셈이다.

버스에서 내려 처음 본 북한 풍경은 나무 하나 없는 벌건 산등성이었다. 그리고 스피커에서는 북한 특유의 창법으로 부른 '반갑습니다'라는 노래가 울려 퍼졌다. 순식간에 공간이동이라도 한 듯 얼떨떨했다.

내 기억 속 국경은 그런 모습이었다. 들어가기 전 휴대폰도 반납해야 하고, 주의사항을 들어야 하고, 내내 긴장해야 하는 곳. 뭔가 삼엄한 곳.

2011년 다시 국경에 섰다. 이번에는 북한을 남쪽으로 두고 말이다. 근데 이건 뭔가. 뭐가 이리 시시한가. 이렇게 허술한 국경을 보고 있는데 또 마음은 왜 이리 복잡해지는지.

버스는 다시 압록강변을 따라 달렸다. 비가 온 뒤라 구름은 빠르게 흘렀고 노을 색은 다채로웠다. 그리고 하늘 밑으로는 압록강이 흘렀다. 도무지 창가에서 눈을 뗄 수가 없었다. 그러면서 시선은 압록강 저편 땅으로 향해 있었다.

금지된 땅, 북한. 압록강은 단순히 풍경 좋은 강일 수만은 없다. 누군가는 강을 건너오기 위해 목숨을 걸기도 한다. 자연 지형에 이념과 역사적 의미가 들어가게 되면 보이는 것이 전부가 아니게 된다.

아, 국경의 밤

아하, 밤이 점점 어두워 간다.
국경의 밤이 저 혼자
시름없이 어두워 간다.
함박눈조차 다 내뿜은
맑은 하늘엔
별 두어 개 파래져
어미 잃은 소녀의
눈동자같이 깜박거리고.
– 〈국경의 밤〉, 김동환

버스는 한 시간여를 달려 단동에 도착했다. 숙소 바로 앞에 북한 신의주와

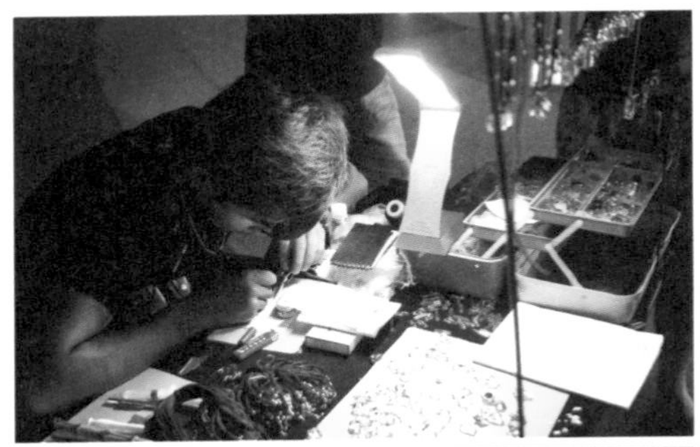

연결되는 철교가 놓여 있었다. 국경 도시였다. '저 혼자 시름없이 어두워 가고 있었다던 국경의 밤' 분위기와는 달리, 압록강변 거리는 여느 유원지처럼 온통 네온사인으로 반짝였다. 흡사 여름밤 한강 둔치 풍경과 다를 바 없었다. 압록강 철교는 다리 모양을 따라 야간 조명이 비추었고 젊은 남녀가 팔짱을 끼고 걷기도 했다. 그러나 강 건너편은 정전된 도시처럼 불빛 하나 없이 캄캄하기만 했다.

압록강변을 걸었다. 손수레를 놓고 무언가를 만들고 있는 한 청년이 보였다. 청년은 쌀 한 톨 위에 붓으로 글씨를 쓰고 있었다. 청년은 쌀이 장수를 상징한다고 했다. 한국 관광객들을 자주 접한 탓인지, 쌀 위에 한글로 글씨를 쓸 수도 있다고 했다. 어떤 글을 쓰겠냐고 묻는 청년에게 다섯 살짜리 아들 이름을 써 달라고 했다. 청년은 정성껏 쌀의 앞뒷면에 각각 한글과 한자로 또박또박 써 내려 갔다. 그리고 글을 쓴 쌀을 작은 핸드폰 고리 안에 넣고 스포이트로 물을 채웠다. 어찌나 정성을 다해 성실하게 완성하고 다루던지, 나 역시도 그의 손을 떠나 내게 넘겨진 물건을 소홀히 대할 수 없을 것 같았다. 태도가 그의 작품을 더욱 값지게 만들었다.

숙소로 돌아왔다. 문을 열고 방에 들어섰을 때 창에서 눈을 뗄 수가 없었다.

창밖으로 중국과 북한을 이어 주는 압록강 철교의 야경이 한눈에 들어왔다. 창틀과 함께 커다란 창밖으로 보이는 풍경은 마치 액자 속 그림 같았다. 모두 모여서 이 배경을 뒤로하고 각자 사진 한 장씩을 남겼다. 시간은 이미 자정을 넘었지만 쉽게 잠들 수 없는 밤이었다.

여섯째 날.

끝나지 않은 역사의 현장

닿을 듯 닿을 듯, 닿지는 않고

백두산 구경하고 나서, 단동인가 어디서 배 타고 북한 땅 가까이까지 가 보는 압록강 유람선 관광이란 걸 했는데, 정말 저 쪽 북한 땅 강가에 놀이 나온 아이들까지 보이게 배가 가까이 가니까 나도 마음이 좀 이상해집디다. 그냥 뱃놀이를 편하게 즐기는 건, 다 중국 사람들이고, 표정이 심각하게 굳어지는 건 다들 남한 사람들이라구요. 그 정도는 당연한 거지. 근데 우리 영감은 별안간 뱃전에다 고개를 떨구고 소리내어 엉엉 울지를 않겠수. 머리가 허연 늙은이가 온몸을 들먹이면서, 분단의 슬픔이라고? 어잉, 그게 아니라 거기서 보이는 땅이 신의주였어요. 곱단이년 사는 데가 닿을 듯 닿을 듯, 닿지는 않으니까 미치겠는거지.

소설 《그 여자네 집》(박완서, 2008) 속 주인공 장만득의 부인은 남편이 첫사랑 곱단이를 잊지 못하는 것이 영 마뜩잖다. 그런데 곱단이가 살고 있을 신의주 땅을 보면서 남편이 통곡을 하고 있으니 기가 찰 노릇이다. 그러나 정작 장만득은 그때의 상황을 이렇게 설명한다.

> 난 지금 곱단이 얼굴도 생각이 안 나요. (중략) 내가 유람선 위에서 운 것도 저게 정말 북한 땅일까? 남의 나라에서 바라보니 이렇게 지척인데 내 나라에선 왜 그렇게 멀었을까? 그게 서럽고 부끄러워 나도 모르게 눈물이 복받친 거지, 거기가 신의주라는 건 별로 중요하지 않았어요.

장만득 부인이 한 말처럼 지금도 압록강변에 나와 나들이를 즐기는 건 모두 중국 사람들이고, 표정이 심각하게 굳어지는 건 모두 한국 사람이다. 또 남의 나라 압록강변에 서서 남쪽을 바라보니 이렇게 지척인가 하는 서러움이 들기도 했다.

압록강변은 그런 곳이다. 수천 년을 거쳐 무수한 사연을 품고 유유히 흘러가고 있는 압록강과 건너편에 보이는 북한 땅 앞에서는 그저 한숨만 나왔다. 다 비슷할 것이다. 한국인이라면.

단동에서 압록강 건너 신의주가 얼마나 가까운인지를 보여 주는 사건 하나가 2003년에 있었다.

> 입북했던 40대 남자가 남북관계 등을 고려한 북한 당국의 판단에 따

압록강 단교 위에서 본 압록강 풍경. 북한과 중국이
마주하고 있다. 고층 건물이 솟아 있는 단동과
쓸쓸한 신의주의 모습은 굳이 위치를 덧붙여 설명하지
않아도 쉽게 구분할 수 있다

라 추방돼 남한 법정에 서게 됐다. 서울지검 공안1부는 중국을 통해 불법으로 북한에 들어간 혐의(국가보안법 위반)로 문아무개씨를 구속 기소했다고 19일 밝혔다.

문씨는 지난해 11월 중국 단둥에서 압록강 유원지 관광선을 타고 가다가 배가 북한 경비정 가까이에 접근하자 강으로 뛰어들어 15m를 헤엄쳐서 북한 경비정에 올라타 월북했다. 그 뒤 문씨는 신의주 압록강 호텔에서 지내며 각종 조사를 받는 과정에서 북쪽의 요구로 지난해 12월 4일 "밀입북했으니 사죄합니다"는 내용의 사죄문을 썼으며, 12월 11일 중앙당의 추방 결정에 따라 압록강 철교를 건너 중국 공안초소로 인계됐다. 이에 앞서 문씨는 지난해 10월 중국 베이징 주재 북한대사관을 방문해 입북 의사를 타진했으나 북한 직원한테서 "남북이 체제도 다른데 적응할 수 있겠느냐. 남북 관계가 좋은 방향으로 가고 있는데 여론으로 보아 어렵다"는 이유로 거절당한 것으로 드러났다. 초등학교 중퇴 학력이 전부인 문씨는 일정한 직업도 없이 빚에 쪼들리다가 밀입북을 한 것으로 나타났다.

단동에서 압록강 유람선을 타고 가다가 월북을 시도한 사람이 있던 모양이다. 사건 내용을 보면 이곳과 북한이 얼마나 가까운지 알 수 있다. 한편 남북 관계가 원만하던 당시에는 밀입북자 문제를 유연하게 처리했구나 하는 사실이 새삼 놀랍기도 하다.

폭격당한 압록강 철교 단면

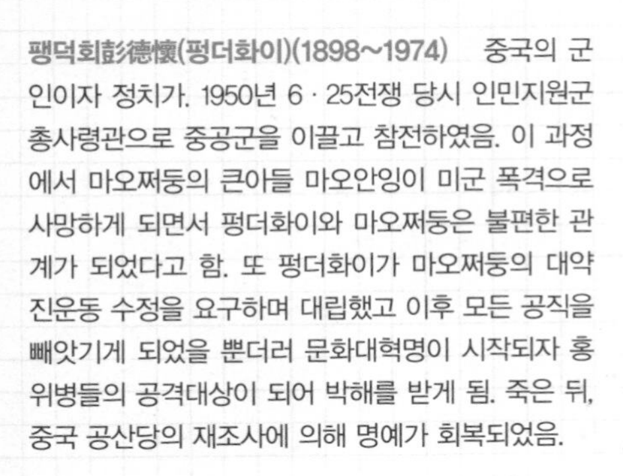

팽덕회彭德懷(펑더화이)(1898~1974) 중국의 군인이자 정치가. 1950년 6 · 25전쟁 당시 인민지원군 총사령관으로 중공군을 이끌고 참전하였음. 이 과정에서 마오쩌둥의 큰아들 마오안잉이 미군 폭격으로 사망하게 되면서 펑더화이와 마오쩌둥은 불편한 관계가 되었다고 함. 또 펑더화이가 마오쩌둥의 대약진운동 수정을 요구하며 대립했고 이후 모든 공직을 빼앗기게 되었을 뿐더러 문화대혁명이 시작되자 홍위병들의 공격대상이 되어 박해를 받게 됨. 죽은 뒤, 중국 공산당의 재조사에 의해 명예가 회복되었음.

끊을 수 없는 그리움, 압록강 단교斷橋

압록강에는 다리 두 개가 놓여 있다. 그중 하나는 절반이 날아가 버려서 다리 역할을 온전히 하지 못한다. 다리는 압록강 단교斷橋라 불린다.

압록강 단교가 만들어진 배경 그리고 절반만 남게 된 과정에는 사연이 있다. 다리는 중국도 북한도 아닌 일본이 만들었다. 조선을 식민 지배한 일본은 만주에 진출할 것을 염두에 두고 철교를 건설했다. 그러나 다리는 6 · 25전쟁 때 미국으로부터 폭격을 받게 된다. 일본을 막기 위해서가 아니라 중국을 저지하기 위해서였다. 우리 의지와 상관없이 다른 나라가 우리 땅에 다리를 만들고, 또 다른 나라가 절반만 남긴 셈이다.

미국이 다리를 폭격한 배경은 다리 시작과 끝에 각각 세워져 있는 조각물에서 짐작해 볼 수 있다. 다리 입구에는 6 · 25전쟁에 참전한 팽덕회와 중공군

왼쪽은 중조우의교(1943년 완공),
오른쪽은 폭격으로 절반밖에
남지 않은 압록강 단교(1911년 완공)

모습을 담은 대형 부조물이 있다.

6 · 25전쟁 당시, 팽덕회가 이끄는 중공군은 북한을 지원하기 위해 압록강을 건넌다. 그때 건넌 다리가 바로 압록강 철교다. 그러자 미국은 중공의 군사 지원을 끊기 위해 다리를 폭격한다.

폭격을 맞아 다리가 끊어진 부분에는 '항미원조전쟁抗美援朝戰爭의 역사적 현장'이라는 글귀가 쓰여 있다. 6 · 25전쟁 참전 목적을 북한에 지원한 것뿐 아니라 미국에 대항한 것이라고 바라보는 중국의 시각을 엿볼 수 있다.

매표소 앞에는 '단교, 폭격으로도 끊을 수 없는 역사의 기억'이라는 문구가

압록강 단교 입구에는 6 · 25전쟁에 참전한 팽덕회가 이끄는 중국인민지원군 동상이 세워져 있다

쓰여 있다. 이 다리에 서 있는 한국인과 중국인의 감회가 같을 수는 없다. 또 각자 떠올리는 '역사의 기억' 또한 같을 수 없다. 그들에게는 미국과 맞서 싸운 역사의 한 현장이겠지만 우리에게는 분단이 고착화되던 과정을 확인할 수 있는 역사의 한 현장이다.

한편 압록강 단교 옆에는 다리 하나가 더 있다. 철로가 놓여 있고 그 옆으로는 사람들이 지나다닐 수 있는 길도 만들어져 있다. 지금 중국 단동과 북한 신의주를 연결하는 유일한 연결통로이기도 하다. 1943년에 개통했고 6 · 25전쟁 때 폭격을 당하기도 했지만 파괴되지는 않아 지금까지 남았다. 지금은 중조우의교中朝友誼橋라고 부른다.

중조우의교는 다리면서 국경이기도 하기에 한국 관광객 입장은 허락되지 않았다. 압록강 단교 끝에 서서 건너편 북한 땅에 세워진 놀이공원 대관람차를 볼 때였다. 중조우의교에서 사람들의 움직임이 느껴졌다. 북한에서 중국 방향으로 다리를 '건너오는' 사람들이 있었다. 우리는 놀라서 상수씨에게 북한 사람이냐고 물었다. '1일 북한 변경邊境 관광'을 다녀오는 중국인들이라고 했다.

돌아올 대답을 뻔히 알면서도 상수씨에게 혹시 우리도 그 관광을 갈 수 있냐고 물었다. '중국 국적'인 조선족 상수씨는 "저는 갈 수 있어요"라고 얄궂게 대답했다. 애매한 미소를 지으면서.

이 관광 상품은 신의주를 통과해 김일성 혁명 기념관을 거쳐 평양까지, 관광지 여섯 곳을 둘러보는 당일 프로그램으로 가격은 690위안(우리 돈 약 12만 원)이라고 한다. 이전에는 여권이나 비자 발급이 필요했지만, 2009년 중국 원자바오 총리가 방북한 이후 신분증만으로도 통행증을 발급받을 수 있도록 간소화되었다고 한다.

그때 대동강을 건넌 이들은 어떻게 살고 있을까

사진 한 장이 세상을 바꾸기도 한다. 결정적 순간을 담은 사진 한 장은 시대상을 기록하는 중요한 증거가 되기도 한다. 베트남전 당시 닉 우트 기자가 찍은, 울부짖는 베트남 아이들 사진이 보도된 이후 미국 내 베트남전 반대 운동은 더더욱 불이 붙게 된다. 사진이 공개된 지 40주년이 되는 2012년에는

사진 속 '베트남 네이팜탄 소녀'의 근황이 관심 있게 보도되기도 했다.

6 · 25전쟁의 참혹함을 보여 주는 외신 기자의 사진은 남아 있지 않을까. 6 · 25전쟁의 한 현장을 사진에 담아 1951년에 퓰리처상을 수상한 기자가 있다. AP통신의 맥스 데스포다.

6 · 25전쟁 당시 UN군은 남하하는 중공군을 막기 위해 통로를 끊어야 했다. UN군은 곳곳의 다리에 폭격을 가한다. 압록강 철교, 평양에 있는 대동강 철교도 그렇게 폭파되었다.

그러나 피난민들도 남하해야 했다. 끊어진 다리를 통해서라도 강을 건너야 했다. 1950년 12월 12일, 피난민들은 칼바람이 부는 겨울 강변에 서서 폭격으로 이미 철골이 주저앉은 대동강 철교를 위태롭게 건넌다. 얼기설기 얽혀 있는 철골 위로 짐을 이고 지고 곡예하듯이 아치형 철제 위를 몇 번이나 올랐다 내려야 했다. 자칫 몸의 중심을 잃으면 한겨울 시퍼런 대동강에 그대로 곤두박질칠 터였다. 이날 사진을 찍은 맥스 데스포는 훗날 한 언론과의 인터뷰에서 이렇게 이야기했다. "중공군에 밀려 미군과 함께 철수하던 중 뒤를 돌아보니 피난민들이 폭격 맞은 다리 위로 개미떼처럼 기어오르고 있었습니다. 몇십 명씩 다리 아래로 뚝뚝 떨어지고, 수천 명이 차례를 기다리는 참혹한 광경 앞에서 얼른 셔터를 눌렀습니다. 아직도 이 사진을 보면 당시 다리를 건너던 사람들의 공포가 떠오릅니다."

대동강변에 줄지어 서서 발을 동동 구르고 있던 이들 그리고 폭격으로 주저앉은 다리를 건넌 이들은 어디서 어떻게 살고 있을까. 사진을 들여다보고 있으면, 전쟁을 경험한 세대들이 우리 세대를 지적하면서 던지는 말들. 너희가 그 시절을 아느냐고 묻는 그 말을 조금은 이해할 것도 같다. 이 시기는 논리적으로, 이성적으로는 설명되지 않는 그 무엇이 있으니까. 그만큼 처절하고 또 처연하던 시대니까. 그러고도 60년이 지났건만, 한국 사회는 여전히 이때의 상처들을 간직하고 있는 것 같다.

여순감옥으로 가는 길

윤봉길

이봉창

자신의 신념을 지키기 위해, 자신이 추구하는 세상을 만들기 위해, 불의한 상황을 바꾸기 위해 모든 것을 내려놓는 사람들을 보면 절로 고개가 숙여진다. 가족과의 이별은 물론 심지어 자기 목숨까지 내놓는 정점에 있던 사람들. 바로 독립운동가들이다.

의열단원이던 윤봉길, 이봉창은 사진 속에서 한 손엔 폭탄을 들고 태극기 앞에서 결연한 모습이다. 흔들림 없이 언제나 결연한 표정으로 단단하게 서 있을 것만 같다. 내 것 하나조차 내려놓기 힘들어 하는 나 같은 범인과는 애초 다른 사람인 것만 같다. 그런데 의열단원 장지락과 가깝게 지낸 미국인 님 웨일스가 그들을 취재한 책 《아리랑》을 보니 이런 구절이 나온다. "그들(의열단)의 생활은 밝음과 어두움이 기묘하게 혼합된 것이다. 언제나 죽음을 눈앞에 두고 있었으므로 살아 있는 동안이라도 마음껏 즐기려 했던 것이다. 그들은 놀라울 정도로 멋진 친구들이었다. 사진 찍기를 아주 좋아했으며 언제나 이번이 죽기 전에 마지막으로 찍는 사진이라 생각하였다."

사진을 남기면서 '죽기 전의 마지막 사진'이라고 생각했다는 구절을 읽다가, 어쩌면 그들도 죽음을 두려워했을 거라는 너무도 당연한 생각이 들었다.

여행 마지막 날 아침, 독립운동가 안중근, 신채호, 이회영 선생이 생을 마감한 여순감옥으로 향했다.

'노블레스 오블리주'를 실천한 우당 이회영

몇년 전 '노블레스 오블리주'라는 단어가 인터넷 실시간 검색어 1위에 오른 적이 있다. 안철수 당시 서울대 융합과학기술대학원장이 안철수연구소 주식 지분의 절반인 1500억 원 상당의 재산을 사회에 환원하기로 했다는 기사가 나온 직후였다.

안 원장은 "상대적으로 더 많은 혜택을 입은 입장에서 이른바 '노블레스 오블리주'가 필요한 때가 아닌가 생각된다"며 덧붙여 "공동체의 상생을 위해 작은 실천을 하는 것이야말로 지금 이 시점에서 가장 절실하게 요구되는 덕목이라고 생각하기 때문"이라고 이야기했다.

'노블레스 오블리주'란 사회 지도층에서 사회적 의무와 책임을 다하기 위해

솔선수범하는 것을 뜻한다. 100여 년 전 우리 역사 속에서도 이러한 사례를 찾을 수 있다. 바로 우당 이회영과 형제들이다.

이회영을 비롯한 여섯 형제는 조선시대 명문가로 알려진 집안에서 유복하게 성장했다. 또 독립운동 단체인 신민회에서 활동했다. 그러다가 신민회가 만주에 독립군 기지를 건설할 것을 결의하자 전 재산을 모두 팔아 가족 50여 명을 이끌고 만주로 이주한다. 그리고 그곳에서 황무지를 개간하며 독립운동 기지 건설에 앞장선다. 자신들이 안정적으로 갖고 있던 모든 기득권을 포기한 행보였다. 짐작할 수 있듯이, 만주에서 그들 가족이 겪은 고초는 이루 다 말할 수 없다.

만주사변(1931) 일본 관동군이 만주철도를 파괴하고 이를 중국 소행이라 조작해 중국 북동부 만주를 침략한 사건. 일본이 대륙 진출을 위해 일으킨 사건으로 이후 그들의 군국주의는 중일전쟁(1937), 태평양전쟁(1941)으로 확장됨.

신민회(1907~1911) 안창호 · 양기탁 · 이동휘 등이 중심이 되어 조직한 항일비밀결사. 국내에서는 학교 건설, 학회 활동, 계몽 강연 등의 문화적 · 경제적 실력양성운동을 전개했으며, 국외에서는 군사적 실력 양성 운동을 꾀함.

이회영은 만주사변 이후 중국 국민당을 찾아가 무기 지원을 약속받았고 그 후 일본군 사령관을 처단하는 작전을 추진하던 중 대련항에서 체포된다. 그리고 그곳에서 멀지 않은 여순감옥에서 고문을 받다가 생을 마감했다.

다양한 시대정신을 보여 주는
단재 신채호

'《대한매일신보》 주필, 애국 계몽운동 단체인 신민회 회원, 《을지문덕》과 《이순신전》 편찬, 민족주의 역사학의 시초가 되는 《독사신론》 편찬, 대한독립청년단 단장이 되어 무장투쟁을 추구, 민족주의 역사학을 확립한 《조선상고사》 집필, 대한민국 임시정부 의정원 전원위원장 의장, 의열단의 독립노선이 담긴 〈조선혁명선언〉 집필, 무정부주의 운동에 관심을 갖고 무정부주의 동방연맹 북경회의 개최.'

단재 신채호의 대략적인 약력이다. 만약 자기 약력을 적는 명함이 있었다면, 그의 명함은 뒤쪽 한 면으로는 부족했을 것이다. 그리고 그 명함을 받아든다면 어떤 길을 걸어왔는지 한 단어로 요약할 수 없어 갸우뚱할 것이다.

신채호 선생의 전기를 읽다 보면 한일합방 전부터 식민 시대까지 독립운동의 흐름과 방향을 알 수 있다. 애국계몽운동, 무장투쟁, 민중직접혁명운동, 무정부주의운동까지 삶 자체가 '독립운동사'다. "신채호라는 한 지식인의 사상적 편력을 통해 모더니티를 향한 우리 사회의 다양한 시대정신의 스펙트럼을 조망할 수 있다"고 표현하기도 한다. 안타깝게도 신채호 역시 여순감옥에서 8년 동안 옥고를 치르다가 1936년에 생을 마감했다.

여순감옥에 들어서서

여순감옥 외관은 서울에 있는 서대문 형무소와 비슷했다. 서대문 형무소 건물이 빨간 벽돌로만 지은 데 비해, 여순감옥은 회색 벽돌과 붉은색 벽돌을 섞어 지었다. 1층은 회색인데 2층은 붉은색이거나, 건물 중앙은 회색인데 바깥쪽은 붉은색이거나 하는 모습이었다. 회색 벽돌과 붉은 벽돌은 확연하게 구분되었다. 벽돌 색깔 차이에도 역사적 배경이 있다.

여순을 포함한 요동반도는 청일전쟁 이후 러시아의 조계지가 된다. 이때 러시아는 이곳에 감옥을 짓는다. 회색 벽돌 부분이 바로 그때 지어진 건물이다. 그로부터 10년이 지나 러일전쟁이 발발한다. 그리고 일본이 승리하면서 이 지역 통치권이 러시아에서 일본으로 넘어간다. 이후 만주 땅에서 일본은 항일운동을 하는 이들을 감옥에 가두었다. 감옥은 금세 포화 상태에 이른다. 일본의 탄압이 거세질수록 감옥은 넓어져야 했다.

1 바닥이 뚫린 2층 복도

2 당시에 쓰인 물통과 대변 통

3 건물은 방사형으로 되어 있어 적은 인원으로도 관리가 가능하다

4 각 방마다 죄수 번호가 적혀 있다

5 당시 죄수복

6 문 옆으로 배식구가 보인다

7 나무통 안에서 실제 발견된 유골

8 사형장 건물

9 2층 사형장 내부

10 집단 매장되어 있는 시신 모형

1 2 6 7
3 4 8
5 9 10

회색 벽돌 바깥으로 놓인 붉은 벽돌이 이를 잘 보여 준다.

감옥은 방사형 구조로 되어 있어 간수 한 명이 한가운데 서서 여러 복도를 한꺼번에 감시할 수 있다. 또 2층 복도 바닥 한가운데에 구멍을 뚫고 그 위에 철제물을 덮어서, 2층에서도 1층의 상황을 감시할 수 있다.

각 감방 앞에는 문패가 붙어 있다. 죄수 번호가 쓰인 패찰이 끼워져 있는데, 대략 한 방에 8~10명 정도가 수용된 듯하다. 감방에는 물통과 대소변통 하나가 놓여 있었다. 침대 시설이 아니었기에 차디찬 바닥에서 겨울 칼바람을 견뎌야 했을 것이다.

일본은 차별 대우로 죄수들을 관리하고 교정시키려 했다. 죄수복을 회색과 붉은색 두 종류로 만들어 모범수와 문제수를 구분하기도 했다. 또 크기가 조금씩 다른 그릇으로 수감 태도에 따라 밥의 양까지도 차등 배분했다고 한다.

20여 년 동안 감옥 생활을 한 신영복 교수가 쓴 《감옥으로부터의 사색》을 보면 이런 이야기가 나온다. 수감 생활을 마치고 집으로 돌아와 편히 자고 일어났는데 식구가 방문을 열어줄 때까지 밖으로 나가지 못했다고. 무려 20여 년 동안

청일전쟁(1894~1895) 조선 지배권을 둘러싸고 청과 일본 사이에 일어난 전쟁. 당시 청과 일본이 조선 통치권을 두고 힘겨루기를 하는 가운데 일본이 내정개혁을 구실로 경복궁을 점령하자 이에 청군이 공격해 전쟁이 발발함. 이 전쟁에서 일본이 승리를 거두고 시모노세키 조약(1895)이 체결됨. 그에 따라 일본은 청으로부터 반도와 타이완 등을 할양받고 조선에 대한 내정간섭을 강화하게 됨.

러일전쟁(1904~1905) 조선과 만주의 지배권을 둘러싸고 러시아와 일본 사이에 일어난 전쟁. 중국 의화단 운동 진압을 위해 8개국이 연합군을 결성해 군대를 파병했는데, 사건 진압 후에도 러시아는 만주에 군대를 주둔시킴. 그러자 일본이 러시아의 남하를 경계하고자 영국과 동맹을 맺음. 이에 일본과 러시아 사이 긴장감이 높아지고 마침내 일본이 선제공격을 했고, 러시아 세력 확장을 막으려는 영국과 미국의 군비 지원에 힘입어 승리함.

스스로 문을 열고 나가 본 경험이 없었기 때문이었다고 한다. 감옥 생활이 어떤 생활인지 짐작케 한다. 철장 너머 안을 들여다보며 조국도 아닌 낯선 땅에서, 철창이 기어이 열리지 않고 수감 생활이 끝날지도 모른다는 불안감 속에 하루하루를 보내셨을 그분들을 떠올렸다.

큰 소리로 대화를 나누는 것조차 조심스러워 두런두런 이야기를 나누면서 감옥 곳곳을 살폈다. 그런 우리가 가장 숙연해질 수밖에 없던 곳이 바로 사형장이었다.

사형장은 2층 건물로 되어 있다. 천장에는 줄이 매달려 있고, 2층 바닥에는 구멍이 두 군데 뚫려 있었다. 하나는 사형이 집행된 후 시신을 바닥으로 내리는 구멍, 다른 하나는 이후의 일을 처리하기 위해 관리인이 내려가는 계단이다. 죽은 자와 산 자가 각각 내려가는 구멍인 셈이다. 교수형에 처해진 시신은 그 아래 준비된 동그란 나무통 안에 그대로 구겨 넣어지게 된다. 그리고 1층 옆으로 난 문을 통해 밖으로 나가게 된다. 그리고 인근 산에 나무통 그대로 매장되었다고 한다. 죽어서까지도 관에 편히 눕지 못한 꼴이다. 사형장에는 실제 유골이 담겨 있는 나무통이 전시되어 있었다. 그 참혹한 모습에 다들 할 말을 잃었다. 속에서 뭔가 울컥하고 올라왔다.

그때 누군가 다 같이 묵념을 하자고 제안했다. 그리고 모두 고개를 숙여 비극의 현장에서 고통스러운 죽음을 맞이했을 분들을 떠올리며 눈을 감았다. 아무 말도 할 수 없었다. 너무도 참혹해서.

동양평화론을 주장한 안중근

서울 용산 효창공원에는 '삼의사三義士의 묘'가 있다. '세 명의 독립운동가의 묘'라는 이름이 붙어 있는데 뜻밖에 봉분은 넷이다. 가만 보니 가장 왼쪽에 있는 봉분에는 홀로 비석이 세워져 있지 않다. 비석이 없는 이유는 유해가 없이 봉분만 만들어졌기 때문이다. 묘의 주인은 바로 안중근 의사다.

김구 선생이 해방 이후 조국에 돌아와 가장 먼저 한 일이 타지에서 순국한 동지들의 유해를 그들 소원대로 고국으로 송환해 오는 일이었다. 김구 선생은 의열단 동지인 윤봉길, 이봉창, 백정기 의사의 유해를 송환해 직접 효창공원에 안장시켰다. 그러나 1910년 여순감옥에서 순국한 안중근 의사 유해는 그때 발견하지 못한 상태였다. 하지만 '나의 유해를 고국에 묻어달라'는 그의 유언을 지켜 주기 위해 우선 봉분부터 만들어 놓은 것이다.

그러나 100여 년이 지난 지금까지도 안중근 의사의 유해는 발견하지 못했고 효창공원에는 여전히 주인을 기다리는 빈 묘 하나가 남겨져 있다.

안중근 의사 하면 떠오르는 것이 바로 '하얼빈 의거'다. 1909년 10월 26일, 그는 하얼빈 역에서 이토 히로부미를 사살했다. 상대가 거물인데다가 거사가 성공했기에 업적 중 가장 널리 알려져 있다.

그러나 최근에 안중근 의사에 대한 재조명이 이루어지고 있다. 그를 '100년 후 동북아를 내다본 선각자'라 일컫는 평가가 쏟아지고 있다. 근래 동북아 국가 사이에 영토와 역사 문제로 첨예한 갈등이 계속되고 있고, 한·중·일 세 나라가 어떻게 평화롭게 공존할 것인지에 대한 고민도 여기저기서 나오고 있다. 그 가운데 안중근 의사가 여순감옥에서 집필하다가 미완성으로 끝난 《동양평화론》이 새롭게 주목받고 있는 것이다.

용산 효창공원, 삼의사의 묘

안중근 의사가 이토 히로부미를 처단한 이유도 이와 관련이 있다. 안 의사는 한 · 중 · 일이 서로 협력해 서구 세력에 대항하고 동양의 평화를 만들어 갈 것을 주장했다. 이토 히로부미는 그 흐름을 방해하는 인물이었다. 안 의사가 직접 밝힌 '이토 히로부미 처단 이유 열다섯 가지' 중 하나에도 '동양 평화를 깨뜨린 죄'라고 명시되어 있다. 그래서 "안중근 의거는 만주 지역을 둘러싼 국제 정세를 정확히 파악하고 일제 침략으로부터 한국독립과 동양평화를 위해 결행한 국제적 대사건"이라고 평가하기도 한다.

한편 2009년 〈역사스페셜〉에서 안중근 의거 100주년을 기념해 저격 당시의 영상 관련 내용을 방영한 적이 있다. 이토가 저격당하던 날, 하얼빈 역에는 러시아 촬영 기사가 있었고 그가 의도치 않게 역사의 중요한 한 장면을 담게 된 것이다. 공개된 영상은 하얼빈 역에 기차가 도착하는 순간부터 시작된다. 그리고 하얼빈 역에 모인 사람들 모습이 잠깐 나오더니 이내 장면이 바뀌어 멀리서 사람들이 앞으로 걸어온다. 여러 사람이 한 사람을 양쪽에서 팔짱을 끼고 연행해 오는 모습이다. 가운데 있는 이가 바로 안중근 의사다. 워낙 먼 거리에서 찍은 영상이라 안 의사의 얼굴을 자세히 확인하기는 어렵지만 100여 년 전 바로

그날의 안중근 의사가 실제 연행되는 영상을 보니 더욱 숙연한 마음이 들었다.

그리고 우연히 보게 된 시골집 앨범 속에 있을 것 같은 사진 한 장. 사진 속 쪽진 머리를 한 여인의 표정은 굳어 있다. 그녀의 품안에 세 살배기 아이가 안겨 있고, 또 옆에는 그녀가 키워야 하는 또 다른 여섯 살 아이가 서 있다.

이 아이들의 아버지 이름은 안중근이다. 사진 속 세 사람은 안중근의 부인 김아려, 큰아들 안분도, 둘째 아들 안준생이다. 그도 이렇게 어린아이들을 둔 가장이었구나.

그러다가 사진에 찍혀 있는 날짜를 보고 다시 놀랐다. 1909년 10월 27일. 그렇다면 안중근이 하얼빈 역에서 이토 히로부미를 저격한 바로 다음 날이다. 더구나 사진은 일본 총영사관에서 그의 가족들을 데려다가 찍은 것이라 한다.

그 사실을 알고 다시 사진을 보니 쪽진 머리의 아낙에게서 눈을 뗄 수가 없다. 일본인들 앞에 서서 이 사진을 찍을 때 마음은 어땠을까. 남편은 어찌 되었을까. 그리고 세 살, 여섯 살 어린 것들과는 어떻게 살아야 할까. 불안한 미래 속에 어떤 용도로 쓰일지 모를 사진을 남겨야 했을 여인의 심정.

사진을 들여다보니, 일제를 향해 폭탄을 던지고 총을 쏘던 독립운동가들은 누군가의 남편, 누군가의 아버지였을 것이라는 생각이 든다.

동양평화론을 저술하기 시작했다. 그때 법원과 감옥의 관리들이 나의 필적을 기념하고자 비단과 종이 수백 장을 사 넣고 요청하므로, 나는 필법이 능하지도 못하고, 또 남의 웃음거리가 될 것도 생각지 못하고서 매일 몇 시간씩 글씨를 썼다.

–《안중근 의사의 삶과 나라사랑 이야기》 중 '안응칠 역사', (사)안중근의사 숭모회, 2011

여순감옥 기념품 판매소에는 안중근 자필을 복사한 서예물들이 걸려 있다. 안 의사가 옥중에서 저술한 자서전 격인 '안응칠 역사'를 보니 일본 관리들이 종종 안 의사에게 붓글씨를 써 달라고 요청한 모양이다. 그들이 안 의사를 어떻게 바라보고 있었는지를 짐작할 수 있다. 그중 일본인 헌병 간수 치바 토시치라는 인물의 이야기는 퍽이나 인상 깊다.

여순감옥 기념품 판매점에서는 안중근 의거와 관련한 소형 권총 장난감도 판매하고 있다

여순 관동도독부 육군 헌병 상등병 치바는 여순감옥 간수로 오면서 안중근과 만나게 된다. 치바는 비록 국적은 달랐지만 안중근의 의연함과 예의바름 그리고 당당한 모습 등을 보면서 그를 존경하게 된다. 그리고 안중근 처형 당일, 안중근으로부터 글씨를 선물받는다. 훗날 치바

여순감옥 기념품 판매점에서 판매하고 있는 안중근의 서예 작품들. 낙관 자리에 찍혀 있는 손바닥에서 단지斷指의 흔적을 살펴볼 수 있다. 안중근이 처형 당일에 일본인 간수 치바에게 써 준 글귀(가운데)도 보인다

는 귀향을 하게 되고 그곳에서 안중근의 사진과 글씨를 모시고 매일 향을 올린다. 그러다가 치바가 죽은 뒤 유가족이 1980년 한국에 그 유묵을 기증한다. 일본 스님인 사이토 타이켄이 쓴《내 마음의 안중근》속에 치바가 안중근에게 유묵을 받던 날의 풍경이 묘사되어 있다.

> 1910년 3월 26일. 마침내 안중근은 처형의 날을 맞았다. 이날은 아침부터 비가 내리는 추운 날씨였다. 안중근은 모친이 보내온 새하얀 명주 한복으로 갈아입고 옥중에서 조용히 기다리고 있었다. 여순형무소는 이른 아침부터 어수선했고, 묘한 긴장감이 돌고 있었다. 간수인 치바는 일본의 원훈으로 추앙받던 이토의 죽음도 가슴 아픈 일이었지만, 이제 자신이 아끼고 존경했던 안중근과도 사별해야 한다니……. 새삼 인생의 무상함을 느꼈다. 그러나 치바는 여느 때와 다름없이 부동자세로 안중근의 감방 앞에 서 있었고, 형장으로 향할 시간은 점점 다가오고 있었다.
>
> 그때였다.
>
> "치바씨, 일전에 당신이 부탁한 글씨를 지금 써드리겠습니다."
>
> 치바는 순간 자신의 귀를 의심했다. 부탁은 했지만 이미 체념했던 일이기 때문이다. 안중근은 재촉하기라도 하듯 서둘러 벼루와 붓, 비단천을 가져오게 했다. 안중근은 자세를 바로 하고 단숨에 써내려갔다.

처형 당일, 치바가 건네받은 유묵의 내용은 "나라를 위해 목숨을 바치는 것은 군인의 본분이다"였다. 안 의사가 일본인에게 써 준 글씨는 많았지만

국내에 반환된 경우는 드물다고 한다. 국경을 넘어 한 인간의 인품을 존경하며 안 의사의 유품을 평생 보관해 온 치바, 또 그것을 안 의사의 고국으로 돌려보내 준 그의 유가족 이야기는 여순감옥에서 찾은 뜻밖의 한 조각이다.

러시아 조계지의 밤

조계지租界地 한 국가의 영토 일부를 개방해 외국인의 거주와 상행위를 허가한 지역. 이곳 외국인에게는 거주하고 있는 국가의 법 적용이 제외되는 특권인 치외법권이 적용됨. 이는 제국주의 국가 침략 이후 맺어진 불평등조약에 따른 결과물로 상대국의 자주권을 침해한다고 볼 수 있음. 요동 반도는 청일전쟁 이후 러시아의 조계지가 됨.

여순감옥에서 나와 마지막 밤을 보낼 대련으로 이동했다. 마지막 날 오전에 대련공항에서 비행기를 타기로 되어 있어 특별한 일정은 잡혀 있지 않았다.

대련은 요동반도 최남단에 위치한 대표적 항구 도시다. 삼면이 바다인 항구 도시답게 해산물이 풍부해 해물꼬치를 파는 가게가 즐비하다. 숙소 뒤편으로는 우리의 명동 거리 같은 골목이 있었다. 시끌벅적한 골목 한복판에 놓인 간이 테이블에서 마지막 날의 아쉬움을 달래는 것도 나쁘지 않았다.

간단하게 해물 꼬치 몇 개와 맥주 한 잔씩을 하고 일어서니 열 시가 조금 넘었다. 일부는 숙소에 가서 쉬겠다 하고, 일부는 장소를 옮겨 술을 한잔 더 하겠다고 했다. 여행의 마지막 날 밤이었다. 내일 비행기를 타고 다시 일상으로 돌아가면 언제 또 이렇게 들썩거리면서 중국 항구의 밤거리를 가볍게 돌아다닐 수 있을까. 엿새 동안 꼭꼭 새겨 놓은 것들이 한동안 머릿속에서 떠나지 않을 것 같기만 한데.

그때, 일행 중 한 분이 몇 해 전 이곳에 왔을 때 러시아 조계지가 있었던 것 같다는 이야기를 했다. 몇몇이 같이 따라나섰다.

건널목 앞에 섰는데 드라마 세트장에서나 볼 것 같은 한 칸짜리 전차가 지나갔다. 그리 빠르지 않은 속도로 도시 속을 유영하며 지나가는 전차를 보고 있으니 잠시 시대를 거슬러 올라간 듯한 착각이 들었다.

양무개혁(1861~1894) 중국의 제도와 사상은 유지하면서 서양의 기술을 도입하자는 운동. 청 왕조는 태평천국운동(1851) 진압 과정에서 서양 무기의 뛰어남을 보고 서양의 군사력과 기술을 받아들이게 됨. 이에 군수 공장을 비롯한 여러 회사와 공장을 세움. 그러나 중국의 전통적 가치를 바탕으로 서양의 기술만 받아들이겠다고 한 중체서용론의 한계가 청일전쟁의 패배로 드러나기도 함.

삼국간섭(1895) 1894년에 시작된 청일전쟁이 일본의 승리로 끝나고 청과 일본 양국 간에 시모노세키 조약이 체결됨. 여기서 일본은 요동 반도 할양을 요구했으나 일본의 내륙 진출에 위기감을 느낀 러시아가 프랑스, 독일과 함께 그 지역을 청에 돌려주라고 요구함. 결국 일본은 요동 반도를 청에 돌려주었고 러시아는 청으로부터 여순, 대련의 조차권을 획득하게 됨.

전차를 뒤로하고 붉은 조명이 켜진 거리로 들어섰다. 시간은 이미 열한 시를 넘어 인적은 드물었고, 거리에는 붉은색에 가까운 노란 조명들이 가득 차 있었다. 한 블록 내려왔을 뿐인데 명동 한복판과 같던 대련 뒷골목 거리와는 분위기가 사뭇 달랐다.

그때 철 지난 지방 놀이공원의 폐장 시간 풍경 같은 곳이 나타났다. '러시아

大連金太陽博物
俄罗斯商品专营店
海边

조계지'였다.

조선을 사이에 두고 세력 다툼을 벌이던 청과 일본은 1894년 충돌을 피할 수 없게 된다. 그렇게 일어난 청일전쟁에서 일본이 승리를 거둔다. 그러자 양무 개혁으로 나름대로 근대화를 꾀하고 있던 청은 충격을 받는다. 더구나 일본은 승리의 대가로 청에 요동반도를 요구했다.

그러나 이러한 위기감을 청만 느낀 것이 아니었다. 러시아 역시 일본의 진출에 위협을 느꼈다. 이에 러시아는 프랑스, 독일과 함께 요동반도를 청에 반환할 것을 요구하며 일본에 압력을 가한다. 이른바 삼국간섭이다. 결국 일본은 요동반도를 반환한다. 그러나 그 땅이 청에게 다시 돌아간 것은 아니었다. 이후 여순과 대련을 포함한 요동반도는 러시아의 조계지가 된다. 청은 이 땅을 일본에게 빼앗기는 대신 러시아에게 빌려주어야 했다. 추운 지역에 위치해 얼지 않는 항구를 확보하려던 러시아에게도 이 지역은 매력적이었다.

이런 과정에서 러시아와 일본 사이 갈등의 골은 점점 깊어지고 결국 1904년에는 러시아와 일본 사이에 전쟁이 일어난다. 그리고 이번에도 전쟁은 일본의 승리로 끝난다. 요동반도 남단에 위치한 대련의 주인이 다시 일본으로 바뀐 것이다. 그리고 50년이 지나서야 다시 중국으로 반환되었다.

러시아에서 일본으로 그리고 다시 중국으로. 대련은 돌출되어 있는 항구라는 매력 때문에 다른 국가들에게는 오히려 침략 대상이 되었다.

이른바 '러시아 거리'라고 불리는 이곳은 청일전쟁(1894) 이후 러일전쟁(1904) 이전까지 10년 동안 러시아 조계지가 있던 흔적을 관광지로 조성한 곳이다. 400미터쯤 되는 거리에는 러시아풍 건물이 남아 있다. 그리고 현재 건물은 대부분 기념품 가게로 운영되고 있다. 러시아 민속 옷을 입은 인형, 옛날 소련 시절에 사용되었을 법한 고배율 쌍안경 등이 가게 안 좌판에 놓여 있었다.

거리에서 꽃을 팔던 그 소녀는

숙소로 돌아왔다. 여행의 마지막 날 밤이 되니 아쉬움에 마음이 차분해졌다. 그리고 대련 거리에서 만난 한 소녀 때문에 마음이 더 울적해졌다.

우리가 포장마차에 앉아 맥주를 마시고 있을 때였다. 흰 원피스를 입은 한 여자아이가 다가왔다. 이 시간에 이런 유흥가에 여자아이 혼자라니. 한 여덟아홉 살쯤 되었을까. 아이는 비닐로 포장한 장미 한 송이를 내밀었다. 소녀의 목적은 취객들을 상대로 장미 한 송이를 파는 것이었다. 딱히 장미꽃을 누구에게 줄 사람도 없는 우리는 미안한 미소를 보내며 거절했다. 그러자 소녀는 다시 사람들 속으로 총총 사라져 버렸다.

눈으로 아이를 좇았다. 아이는 여전히 서성이고 있었다. 아이의 주된 공략 대상은 남성이었다. 아이는 남자들 주변에서 서성이다가 허리춤을 잡고 와락 안았다. 그리고 당황하는 남자들에게 다짜고짜 장미꽃을 안겼다. 대부분은 거절했다. 그러나 아이는 끈질겼다. 몇 번의 실랑이가 계속되면서 남자들은 장미꽃을 바닥에 던졌고, 아이는 그들을 쫓아다니면서 연신 바지 주머니에 꽃을 쑤셔 넣었다. 아이의 집요함에 거의 모든 사람이 화를 내며 아이를 뿌리쳤다. 아이가 장미꽃을 우리에게 내밀었을 때는 미처 보지 못했는데, 비닐에 쌓여 있는 장미꽃 밑 부분은 이미 너덜너덜했다. 이래서 그런 거구나. 다른 물건도 아닌

하필 '꽃'이라니.

아이가 그냥 장미꽃을 팔았다면 이렇게까지 화가 나지는 않았을지 모른다. 이 아이에게 지나가는 남자들을 와락 끌어안고 장미꽃을 팔라고 한 이들은 대체 어떤 사람들일까. 가족들과 함께 하루 일을 이야기 나누면서 잠이 들어야 할 이 시간에, 어린아이가 수치심, 부끄러움이라는 감정을 모두 버리게 만든 이들은 어떤 사람들인가.

아이는 몇 번이나 내팽개쳐진 장미꽃을 주어 들다가도 잠깐잠깐 한 곳을 바라보곤 했다. 골목 한 쪽에 있는 건물 입구에 누군가 있었다. 아마도 아이를 이곳에 세워 둔 사람들인 듯싶었다. 어린아이를 무릎에 앉혀 놓고 있는 젊은 엄마와 아빠가 있었다. 이들이 설마 이 소녀의 가족일까. 정말 친부모일까.

가끔 낯선 번호로 전화가 걸려와 전화를 받으면 "고객님께 맞는 카드가 출시되어 안내해 드리려고 전화드렸습니다"라는 '솔' 톤의 높은 목소리가 들리곤 한다. "죄송합니다만 업무 중이라 전화 통화가 어렵습니다"라고 대꾸하면 "네"라는 대답은 금세 '도' 톤으로 낮아지곤 한다. 전화를 끊고 나서도 누군가에게 거절했다는 것이 못내 찜찜하게 남는다. 매일 '수락'보다는 '거절'에 익숙해져 하루를 보내야 한다면 그 사람의 감정은 어떨까. 분명 자신이 제시한 '일'을 거절한 것인데도 자신에 대한 거절로 받아들이지는 않을까.

대련 거리에 있던 우리는 '소녀의 장미꽃'을 거절했는데도, 소녀는 '자기 자신'에 대한 거절로 받아들이면서 자라지는 않을까. 더구나 자신이 힘껏 상대를 안기까지 하는 적극적 행위를 했는데도 말이다.

장미 한 송이를 사준 돈이 소녀에게 고스란히 돌아가지 않는다 하더라도, 그 소녀의 눈을 쳐다보고 한번 웃어 주고 흔쾌히 꽃을 받아들고, 또 아이의 손에 장미꽃 값을 쥐어 주었어야 했는데.

지나가는 사람들을 상대로 꽃을 팔고, 또 그들에게 끊임없이 거절당하는 일을 반복적으로 해야 하는 그 아이. 어린 나이에 포장마차가 즐비한 골목 밤거리에서 지나가던 남자들을 껴안고 꽃을 파는 이 소녀는 몇 년이 지나서 어떤 모습이 되어 있을까.

에필로그

아침부터 비가 추적추적 내린다. 이제 여행의 끝이다. 만주 땅 3000킬로미터를 달리던 버스는 공항으로 향했다. 내 차로 3년을 달린 주행 거리만큼 일주일을 달렸다.

고작 일주일이었지만 꼭꼭 담아 둔 많은 기억이 스쳐 지난다. 하루에도 많은 감정들이 교차되었기 때문에 그날 밤이 되면 마치 며칠이 지난 것 같았다. 그렇게 보낸 일주일이 꼭 한 달 같기만 하다. 전설 속 이야기 같던 유물과 유적을 직접 마주하던 순간의 감동, 또 한편으로 밀려오는 씁쓸함과 분노, 안타까움. 그야말로 만감이었다.

씁쓸했다. 우리 역사 속 문화재를 보기 위해 다른 나라 사람에게 입장료를 지불하고 들어가야 할 때. 날 선 시선으로 우리를 대하던 유적지의 현지관리인들을 볼 때. 근처만 서성이다가 돌아서야 했을 때.

또 낯설었다. 같은 민족이면서도 오히려 중국보다 더 멀게 느껴지던 북한. 북한과 관련된 것이라면 국가보안법 위반이 아닐까 하는 자기검열 때문에 매사 조심스러울 수밖에 없는데, 중국 유적지 기념품 판매대마다 아무렇지도 않게 놓여 있는 북한 화폐와 북한 서적 들을 볼 때면 마치 불온한 것을 본 양 흠칫 놀라기도 했다.

공항으로 가는 버스 안에서 상수씨가 마지막으로 마이크를 잡고 섰다. 성실한 가이드였다. 다른 중국 가이드나 운전기사와 이야기를 나눌 때면 — 일반적으로 중국 남성들이 그렇듯이—그들과 함께 웃통을 벗고 서 있다가도, 우리를 만나면 황급히 윗옷을 다시 챙겨 입곤 했다.

상수씨는 이제 공항에 거의 다 왔다면서 마지막으로 노래 선물을 주겠다고 했다. 노래는 '우리의 소원은 통일'이었다.

남한도 북한도 아닌 중국땅에서 태어난 그, 중국 국적을 갖고 있으면서도 '조선족'이라고 불리는 그가 느끼는 '통일의 염원'의 온도는 어느 정도일까. 창밖으로는 비가 추적추적 내렸다. 반주가 없어 마이크를 통해 들숨까지도 고스란히 전해졌다. 차창을 내다보며 함께 조용히 노래를 읊조렸다.

그렇게 대련공항에 들어섰다. 밖에서 안을 들여다보는 시선과 눈이 마주쳤다. 불투명한 유리 한가운데, 사람 눈높이 정도 되는 높이에 투명한 부분이 조금 남아 있었다. 공항에서 헤어지는 이의 뒷모습을 훑으며 시선을 떼지 못했다.

전설과 신화 속 공간처럼 아득하게만 느끼던 곳, 우리 역사에서 가장 역동적이고 또 눈물겨운 시절의 이야기를 담고 있는 곳. 오래된 이야기를 품고 있는 곳. 이제 만주를 떠난다. 비행기가 이륙했다. 비행기 창밖으로 내려다보이는 풍경에서 한동안 눈을 떼지 못했다. 영화 한 편을 진하게 보고 나온 듯했다. 일주일이라는 짧은 시간이었지만 내내 그곳에 푹 빠져 있었다. 털고 일어서려니 영화의 마지막이 다 끝나고도 좀처럼 일어설 수 없을 때 느끼던 기분이다. 아마도 이곳을 다시 찾게 되겠구나 싶다. 앞선 이들도 그랬듯이.

후기

언젠가 아들 녀석을 재우려는데 대뜸 "엄마, 나 품어 줘"라고 말을 던졌다. '품어 줘'라는 단어가 너무 예뻤다. 다섯 살짜리가 대체 그런 표현을 어떻게 떠올렸는지 물었다. 엄마의 감흥과는 달리 아이는 "엄마 닭이 아기 병아리를 품어 주잖아. 그러니까 엄마가 나를 품어 달라는 거지"라며 심드렁하게 대꾸했다. 그때 언제고 '품어 주다', '품다'라는 단어가 들어간 책을 쓸 수 있으면 좋겠다고 생각했다.

그리고 2011년 여름, 만주 땅에서 그 단어를 다시 떠올렸다. 만주가 품고 있는 이야기를 들려주고 싶었다. 이 감흥을 잊지 않기 위해서는 그곳에서 끄적거려 온 메모들을 정리하고 기록해 두어야 했다.

그러나 개학을 맞이하자 일상은 원래대로 돌아갔다. 빡빡한 수업, 그 와중에 남는 시간 틈틈이 공문 처리와 수업 준비를 하고, 어린이집에 들러 아이를 데리고 오는 퇴근길. 야근이 잦은 남편을 대신해 혼자 저녁 식사를 준비하고 아이 목욕을 시키고, 설거지까지 마치고 나면 어느덧 훌쩍 밤 열 시가 다 되곤 했다. '집으로 출근 업무'가 종료되는 시간인 셈이다. 아이를 재우고 나서 내 시간을 가지려 했지만 동화책 한 권 읽어 주고 베개에 머리를 대면 아이보다 내가 먼저 곯아떨어지곤 했다. 그래서 가끔 밤 열두 시 정각에 알람을 맞추기도 했다. 이때만이라도 시간을 갖고 글을 정리하려는 의도였지만, 의지와는 무관하게 절로 알람을 꺼 버리고 잠들기 일쑤였다. 그나마 알람 소리를 듣고 일어나서 컴퓨터 앞에 앉는다 하더라도 답사 때 감정 이입이 잘 되지 않았다.

연속된 시간이 필요했다. 자투리 시간으로는 여행 때 감정을 다 끌어내기 어렵겠다는 생각이 들었다. 그래서 매학기 방학 때마다 작업을 했다. 2011년 겨울방학, 2012년 여름방학 그리고 2012년 겨울방학. 그렇게 1년 반이 흘렀다. 실제 작업 기간은 석 달 남짓이었는데 기간이 뚝뚝 떨어지다 보니 예전에 쓴 글들을 반년 만에 다시 읽는 상황이 반복되었다.

계속해야 할지 말아야 할지 고민이었다. 또 자꾸 읽다 보니 어떤 내용을 넣고 버려야 할지가 더 고민이었다. 애초 전공 내용이 담긴 안내서가 아닌, 가볍게 읽을 수 있는 여행 에세이 형식으로 가려 생각했다. 그러나 이것도 넣어야 할 것 같고, 저것도 넣어야 할 것 같아 다 집어넣다 보니 처음 의도와는 달라져 있었다. 그래서 많이 버려야 했다. 새로 넣는 것보다 뭔가를 골라서 버려야 하는 게 더 어려웠다.

시간이 흐르면서 원고는 두꺼워졌고, 또 엄마가 답사에 임하는 자세를 전투적으로 만들어 준 아이는 어느덧 취학을 준비하는 나이가 되었다. 이제는 아들과 만주에 함께 가서 현지 대중교통을 타고 답사를 다녀도 괜찮을 것 같다.

좋은 답사를 기획해 준 인천광역시교육청, 그곳에 다녀왔으니 언니에게 더 많은 이야깃거리가 생겼다고 이야기해 준 후배 혜정, 아가씨 시절 고정 답사 파트너 장선자, 베트남에 가 있을 안지현, 부족한 문장을 매끄럽게 만들도록 조언해 준 국어교사 이진미, 나의 심정적 동지들 김은주, 고경진, 박은영, 만주 답사를 다녀올 수 있도록 일주일간 아이를 맡아 준 친정 엄마 이임출 여사님, 편하게 글 쓰라며 용돈 모아서 노트북 사 준 남편 동준씨, 늘 내 이야기에 온갖 표정을 지어 가며 누구보다 재미있게 들어주는 아들 하윤이. 그리고 좋은 책이 만들어질 수 있을 것 같다고 첫인사를 건네 온 서해문집 강영선 이사님, 문장을 다듬고 책의 밑그림을 그려가며 같이 한 권의 책을 만들어 주신 김종훈 편집자님. 지면으로나마 모두에게 감사한 마음을 전합니다.

참고자료

도서 · 논문

김동환, 《국경의 밤》, 범우사, 1995
김수복 편, 《별의 노래》, 한림원, 1995
김한종 외, 《고등학교 한국 근 · 현대사》, 금성출판사, 2009
김형종 외, 《고등학교 세계사》, 금성출판사, 2012
님 웨일즈 · 김산 지음, 송영인 옮김, 《아리랑》, 동녘, 2005
박영희, 《만주의 아이들》, 문학동네, 2011
박완서, 《그 여자네 집》, 문학동네, 2006
백민성, 《유서 깊은 명동촌》, 연변인민출판사, 2001
사이토 타이켄 지음, 이송은 옮김, 《내 마음의 안중근》, 집사재, 2002
서길수, 《고구려 역사유적 답사》, 사계절, 1998
서울대학교박물관 · 동북아역사재단, 《서울대학교박물관 제45회 기획특별전-하늘에서 본 고구려와 발해》 도록, 서울대학교박물관, 2008
손승철 외, 《고등학교 동아시아사》, 교학사, 2011
송우혜, 《윤동주 평전》, 푸른역사, 2004
안중근의사 숭모회 편, 《안중근 의사의 삶과 나라사랑 이야기》, 일곡문화재단, 2011
여호규 외, 《고구려 유적의 어제와 오늘 1》, 동북아역사재단, 2009
유홍준, 《나의 문화유산답사기 3》, 창작과비평사, 2001
윤동주 저, 홍장학 편, 《정본 윤동주 전집》, 문학과지성사, 2004
윤명철, 《역사전쟁》, 안그라피스, 2004
윤영숙, 〈고구려 역사 방치의 현장, 호산장성(박작성)의 고구려 유물〉, 《북한》, 북한연구소, 2004
최준채 외, 《고등학교 한국사》, 법문사, 2011
특별기획전 고구려 행사추진위원회, 《특별기획전 고구려!》 도록, 2002
한국생활사박물관 편찬위원회, 《한국 생활사박물관(고구려 편)》, 사계절, 2002
KBS역사스페셜, 《역사스페셜 4(고구려 고분벽화, 무엇을 그렸나)》, 효형출판, 2003

언론매체

《한겨레》《경향신문》《한국일보》《동아일보》《국민일보》《부산일보》《연합뉴스》《신동아》《중앙SUNDAY》《스포츠서울》《길림신문뉴스》《세계한인신문》《재외동포신문》

기타

국사편찬위원회 조선왕조실록 공식홈페이지(http://sillok.history.go.kr)

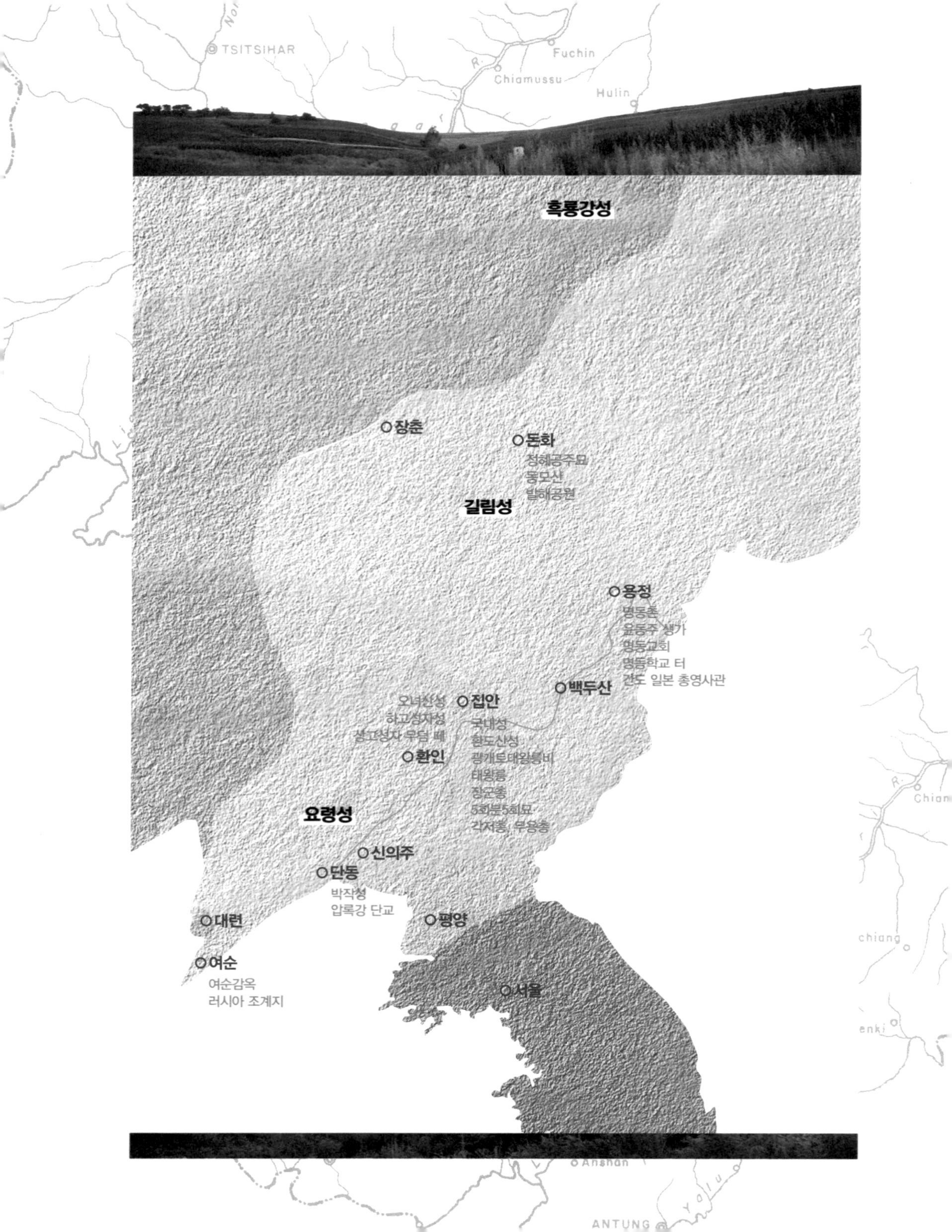
TSITSIHAR
Fuchin
Chiamussu
Hulin
흑룡강성
장춘
돈화
정혜공주묘
동모산
발해공원
길림성
용정
명동촌
윤동주 생가
명동교회
명동학교 터
간도 일본 총영사관
백두산
오녀산성
하고성자성
상고성자 무덤 떼
집안
국내성
환도산성
광개토대왕릉비
태왕릉
장군총
5회분5회묘
각저총, 무용총
환인
요령성
신의주
단동
박작성
압록강 단교
대련
평양
여순
여순감옥
러시아 조계지
서울
Anshan
ANTUNG